超圖解

電動車的構造與原理

驅動方式 × 發展趨勢，
通盤了解產業鏈的現況及展望

U0141362

川邊謙一 [著]

陳識中 [譯]

電動車是將驅動系統電動化的車。根據此定義，有時混合動力車也會被歸類在電動車，但在本書中，電動車（EV）專指只用電池當電源，且只靠馬達動力驅動的車（俗稱純電車或BEV）。

電動車在行駛過程中不會排放對環境有害的物質。因此，電動車被視為一種終極的「環保車」，作為環境問題的解方，近幾年愈來愈受重視。

所以，現在全世界的電動車銷量都在急速攀升。除了研發出大容量電池，使得電動車的續航里程上升，便利性愈來愈好，也由於整體社會氛圍日益重視地球環境問題，加速了行駛時不會排放二氧化碳等溫室氣體的電動車普及。

本書將從機械、電、化學的角度，穿插照片和圖片，為讀者整理並解說電動車的運作原理，以及電動車普及面臨的課題。另外，也將一併介紹跟電動車一樣靠馬達驅動的親戚：混合動力車、插電式混合動力車以及燃料電池車，帶你了解電動車產業的全貌。

認識電動車，不單單只是多認識一種汽車，更能幫你思考未來的社會變化。因為電動車的普及，不只跟未來將發生、俗稱「移動革命」的交通大變革有關，也會促使人們去思考能源之於社會的意義，以及現在全球正努力實現的永續社會。

希望本書能成為你認識上述的社會變化，以及電動車和電動化汽車的第一步。

另外，本書在編撰過程得到了許多學界和產業界的研究者與工程師協助。在此為他們致上最深的感謝。

2023年6月
川邊謙一

目次

5

第 **3** 章 電動車的歷史
～ 經歷三波浪潮後的飛躍性發展 ～
65

第 **4** 章 電池與電源系統
～ 驅動車輛的能量來源 ～
87

第 **7** 章 電動車的基礎設施
～ 充電站與加氫站 ～
147

第 **8** 章
電動車與環境
～ 究竟有多「環保」？～
167

第**1**章

搭乘電動車

～坐上駕駛座才知道的優缺點～

≫ 電動車作為環保車

靠馬達驅動的電動車

電動車（Electric Vehicle：EV）一如其名，是靠電驅動的車子。嚴格來說，電動車有廣義和狹義之分，而本書所說的「電動車」是指狹義的電動車，亦即只靠動力電池（蓄電池）作為能源，**運轉馬達帶動車輪，驅動車體的車子**。至於廣義的電動車我們會在**2-2**說明。

環保車的一種

電動車跟汽油車的一大差異，在於電動車行駛時不會排出廢氣和噪音（圖1-1）。汽油車在行駛時，會從引擎排出被認為是空氣汙染和全球暖化罪魁禍首的有害物質，以及巨大的噪音。另一方面，電動車在行駛時完全不會排出含有這類物質的廢氣，行駛起來也比汽油車安靜很多。

由於電動車不會在行駛時汙染環境，因此被歸類為「環保車」的一種。

坐上駕駛座後才會發現的電動車的特徵

想了解電動車的特徵，比起閱讀文字資料，不如實際握住方向盤上路跑跑看。因為電動車有很多特性必須上路駕駛後才會出現。

因此，本章將帶領各位讀者一邊以虛擬的方式駕駛日本目前較有代表性的國產電動車日產「LEAF」（第二代，2017年後開始製造，圖1-2），一邊介紹電動車的特徵。

請各位一邊想像自己正坐在駕駛座上，一邊閱讀下去。

圖1-1 汽油車與電動車的一大差異

汽油車

行駛時會排出含有
有害物質的廢氣與
巨大噪音

汽油

引擎

廢氣

CO₂ NOₓ
SOₓ PM

電動車

行駛時不會排放含有
有害物質的廢氣，
而且十分安靜

馬達

圖1-2 本章將駕駛的電動車

日本代表性的國產電動車日產「LEAF」（第二代）
（照片提供：日產汽車）

Point

- 電動車又簡稱「EV」
- 電動車是靠馬達帶動車輪驅動
- 電動車是環保車的一種

≫ 與汽油車比較

外觀和內裝幾乎相同

接著來比較一下「LEAF」和汽油車的外觀吧。

從結論來說，**兩者的外觀幾乎相同**。當然，外觀上還是存在車輛後方有無排氣管和加油孔等細微差異（圖1-3），但整體上幾乎無法感受到這是一輛電動車。

內裝部分，「LEAF」跟汽油車的自排車非常相似。駕駛席有方向盤、油門踏板、煞車踏板，駕駛席旁則有排檔桿和電動手煞車桿。因此它的駕駛方式就跟自排汽油車幾乎一樣。

動力系統的構造不同

不過，電動車跟汽油車在俗稱動力系統的**驅動相關部分的結構上卻大不相同**（圖1-4）。換言之，兩者的驅動原理存在根本上的差別。

汽油車是靠消耗儲存在油箱內的燃料（汽油）來驅動引擎，再透過變速器將引擎的轉力傳給車輪，移動車體。由於引擎的原理是在汽缸內部燃燒燃料，因此會產生汙染空氣和引發全球暖化的有害物質，並從排氣口排出這些物質。同時，因為引擎是靠油氣在汽缸內燃燒時急速膨脹（爆炸）來推動活塞、產生動力，所以運轉時會產生巨大的噪音和震動。

另一方面，電動車是靠儲存在動力電池內的電力來驅動馬達，再將馬達的轉力傳給車輪來移動車體。換言之，電動車**沒有會產生廢氣、噪音、震動的引擎，因此行駛時也就不會產生廢氣和震動，比汽油車更安靜**。

圖1-3 「LEAF」的後方外觀

外觀上跟汽油車幾乎一樣，
但有著車尾沒有排氣口等細微差異

圖1-4 汽油車和電動車的動力系統構造不一樣（示意圖）

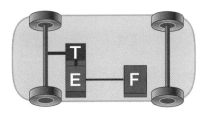

GV 汽油車

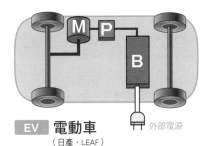

EV 電動車
（日產 · LEAF）

外部電源

F 燃料箱	**M** 馬達	
E 引擎	**P** 動力控制元件	
T 變速箱	**B** 動力電池	

Point

〃 電動車和汽油車的外觀幾乎相同
〃 電動車和汽油車的動力系統不同
〃 電動車沒有引擎，故行駛時不會排放廢氣也很安靜

» 行駛① 駕駛電動車

不需要發動引擎

那下面我們來開看看「LEAF」吧。

如同前一節提到的,**電動車的駕駛席周邊構造基本上跟自排汽油車幾乎相同**(圖1-5)。

不過,電動車的發動過程還是和汽油車有一點不一樣。因為電動車沒有引擎,所以不需要「發動引擎(啟動)」的這個步驟。

坐上駕駛席後,只需踩好煞車,**按下電源鍵的「ON」,就能立即啟動電動車的系統**(圖1-6)。此時,儀表板上的速度表等介面會馬上亮起來,空調(冷氣)也會開始運作,但你不會聽到引擎發動時的那種巨大噪音,也幾乎感覺不到車體在震動。

安靜的起步

接下來到起步的操作步驟也幾乎跟自排汽油車相同。用手解除電動手煞車後,再將排檔切換到「前進(D)」檔,把腳從煞車踏板上鬆開,無須踩下油門,「LEAF」也會安靜緩慢地起步前進,用低速行駛。在自排車上,這種現象稱為「蠕行現象」,而電動車也被刻意設計成具有相同的表現。

總而言之,電動車到起步前的操作方式,儘管有些許不同,但整體來說跟自排汽油車非常類似。換句話說,電動車的構造被設計成只要曾經駕駛過自排車,基本上任何人都能輕易上手。

圖1-5 「LEAF」的駕駛席周邊

基本上構造幾乎跟自排汽油車一樣

（照片提供：日產汽車　※日本國產車皆為右駕）

圖1-6 「LEAF」的電源鍵

踩住煞車踏板並按下電源鍵（照片右側），系統就會啟動

Point

🖉 電動車的駕駛席周邊構造跟自排汽油車幾乎相同

🖉 電動車的系統只需按下電源鍵就能啟動

🖉 從啟動到起步前的操作跟自排車幾乎相同

≫ 行駛② 平滑的加速

電動車沒有變速器

那麼,接著來加速「LEAF」吧。

輕輕踩下油門,「LEAF」便會安靜且**滑順地加速**。同時,因為沒有負責改變齒輪比的變速系統,所以即便不手動換檔,電動車也能加速到公路的速限(圖1-7)。這種駕駛感跟自排車有些相似,但又不像多數自排車會有變速震動。

平滑的起步

「LEAF」等**電動車的起步比汽油車平滑很多**。這跟馬達和汽油引擎的扭力特性差異有關(圖1-8)。

引擎的扭力在停止時是零,並會在特定轉速下達到最高。另一方面,馬達的扭力在動力控制元件的控制下,反而是停止時最大,並在超過一定速度後隨著轉速增加而逐漸減少。換言之,馬達能在引擎最不擅長的領域中發揮出最大扭力,所以電動車的起步也比汽油車平滑很多。

「咻──」的噪音

基本上電動車在行駛時相當安靜。不過,電動車在低速行駛時會啟動車輛低速警示音系統,刻意發出聲音,讓周圍的行人知道附近有車正在靠近。此外,當用力踩下油門時,電動車會瞬間加速,此時豎起耳朵,也能聽到**頻率逐漸升高的「咻──」**聲。這種聲音叫磁勵音(參照**6-5**)。

圖1-7 **「LEAF」的驅動部結構**

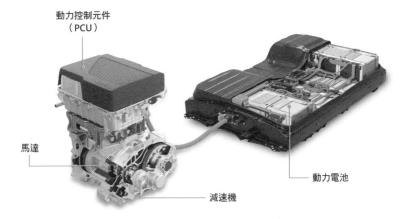

動力控制元件
（PCU）

馬達

減速機

動力電池

●馬達的動力是透過減速機傳給車輪，沒有變速器
●馬達由動力控制元件控制
（照片提供：日產汽車）

圖1-8 **馬達與引擎的扭力曲線**

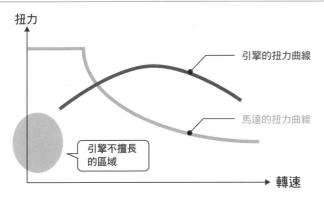

扭力

引擎的扭力曲線

馬達的扭力曲線

引擎不擅長
的區域

轉速

馬達在轉速零的狀態下就能發揮最大扭力

出處：EV DAYS「EV的馬達是？」
（URL：https://evdays.tepco.co.jp/entry/2022/03/31/000029）

Point

✎ 電動車沒有變速器，所以加速很平滑
✎ 電動車的起步也比汽油車更平滑
✎ 電動車加速時會發出「咻——」的磁勵音

21

≫ 行駛③ 優秀的操縱性和安靜性

沒有引擎的另一個好處

電動車沒有引擎，因而具備零件配置自由度很高的優勢。汽油車在設計時，一旦決定了引擎的位置，變速系統和傳動軸等沉重零件的設置位置也會跟著定下。

另一方面，電動車沒有這些零件，更容易改變動力電池、馬達、動力控制元件（參照**6-1**）等沉重零件的配置。因此，電動車更容易實現**理想的重量平衡**和低重心化，提高車體的操縱性。

優秀的轉彎性能

以「LEAF」來說，因為沉重的動力電池配置在接近車輛中心的底部，不只可以實現低重心化，還採用了不易變形的高剛性車體，提高了轉向操作的反應性（圖1-9）。

同時，藉由個別控制4個輪子的煞車，「LEAF」還實現了更平滑且穩定性高的過彎性能（圖1-10）。只要實際駕駛「LEAF」到彎道多的山岳地區跑跑看，就能清楚體會到這一點。

優秀的安靜性

「LEAF」等電動車的安靜性也很優秀。當然，如果豎起耳朵的話，還是能聽到前一節介紹的「咻——」的磁勵音，但跟汽油車相比，電動車內的環境遠遠安靜得多。而搖下車窗的話，更能清楚感受到兩者的差異。

圖1-9　「LEAF」的動力系統

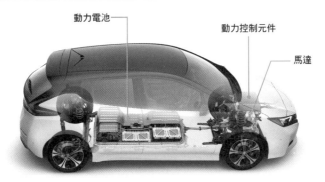

動力電池

動力控制元件

馬達

高重量的動力電池安裝在幾乎正中央的車底，
實現了接近理想的重量平衡和低重心化
（照片提供：日產汽車）

圖1-10　「LEAF」跟汽油車（FF車）的過彎差異

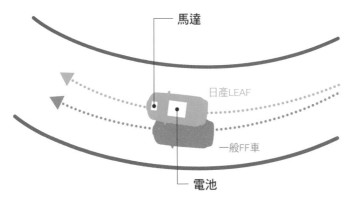

馬達

日產LEAF

一般FF車

電池

「LEAF」透過低重心設計和高剛性車體，
實現了平滑的過彎性能

出處：基於日產汽車 「LEAF」 官方網站 （URL ： https://www3.nissan.co.jp/
vehicles/new/leaf/performance_safety/performance.html） 製作

Point

🖉 電動車更容易實現理想的重量平衡與低重心化

🖉 電動車的過彎等操縱性很好

🖉 電動車的安靜性比汽油車更高

» 行駛④　邊發電邊減速

馬達也能充當煞車

接著讓我們駕駛「LEAF」來進行減速看看。

電動車跟汽油車一樣，只要踩下煞車踏板就能啟動煞車。「LEAF」擁有一個名為「e-Pedal」的功能，只要打開該功能，駕駛人只需鬆開油門就能啟動煞車。

當煞車啟動時，除了油壓煞車外，「LEAF」的再生煞車也會啟動。油壓煞車是利用油壓以機械方式作用的煞車，而再生煞車是**使用馬達進行煞車**。

沒錯，電動車的馬達同時也扮演煞車的功能。

可發電的煞車

再生煞車作用時，馬達會變成一台發電機（圖1-11）。因此，車輛的一部分動能會被馬達轉換成電能，再透過動力電池轉換成化學能儲存起來（圖1-12）。此時，馬達便會產生煞車的效果。

節約能源的巧思

再生煞車除了可輔助油壓煞車，還具有節約電動車能源的效果。因為這套系統可在減速時回收車輛的部分動能，儲存到動力電池中，並在加速時拿出來使用，**實現能量的再循環**。

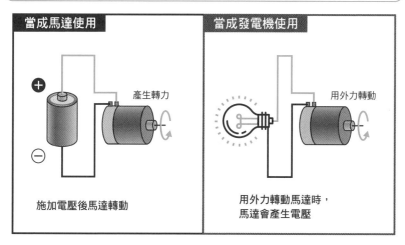

> **圖1-11**　**馬達變成發電機的原理（直流馬達的情況）**

當成馬達使用

產生轉力

施加電壓後馬達轉動

當成發電機使用

用外力轉動

用外力轉動馬達時，
馬達會產生電壓

用外力轉動馬達，馬達便會變成發電機產生電力

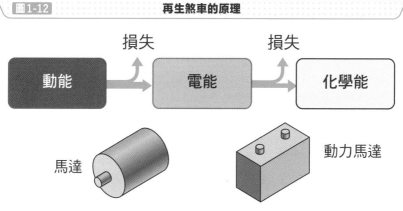

> **圖1-12**　**再生煞車的原理**

損失　　　　　　損失

動能　→　電能　→　化學能

馬達　　　　　　　　　動力馬達

● 車輛的部分動能被馬達轉換成電能，再被動力電池轉換成化學能儲存
● 此時一部分的動能會被消耗，產生煞車力

Point

🖊 電動車的煞車同時用到了油壓煞車和再生煞車
🖊 再生煞車利用馬達進行煞車
🖊 使用再生煞車，可以實現能量的再循環

» 行駛⑤　電動車可以跑多遠？

可行駛的距離與欠電

　　電動車上一定會**顯示當前可行駛的距離或動力電池的剩餘電量**，而開得愈久，可行駛的距離就愈短。以「LEAF」來說，在駕駛席前方的速度表左側能看到可行駛距離（km）和動力電池的剩餘電量（％）（圖1-13）。

　　當然，當電量降到接近零時，動力電池就無法繼續提供電力，電動車將無法繼續行駛。這個狀態就叫欠電。要防止行駛到一半欠電，就必須事前替動力電池充飽電力。

電池容量左右續航里程

　　汽車補充一次能量（加油、充電、加氫）後可行駛的距離，稱為續航里程。電動車的續航里程大幅受到動力電池的容量左右。

　　目前，多數電動車被認為只能用於近距離運輸用途（圖1-14）。因為跟混合動力車（HV）、插電式混合動力車（PHV）、燃料電池車（FCV）等相比，很多純電車種的續航里程比較短。

　　然而，只要增加動力電池的容量，或是開發低成本且能量密度高的動力電池，就能增加電動車的續航里程。

　　同時，電動車的續航里程也可以透過減少行駛時的電力消耗來延長。比如避免急加速或急減速，減少驅動消耗的能量，或是減少使用空調，都可以延長續航里程。

圖1-13 「LEAF」的駕駛席儀表

時速表的左側會顯示可行駛距離（上面照片中是360km）
與動力電池的剩餘電量（上面照片中是100％）

圖1-14 各種車的續航里程

車體大小 ↑

EV領域　近距離用途　HV・PHV領域　市區公車　FCV領域

小型宅配車輛　EV　乘用車　FCV（BUS）　宅配貨車

二輪車　PHV　HV　FCV

移動距離 →

燃料　電　汽油、柴油、生質燃料、CNG、合成燃料 etc.　氫

● EV是純電車，HV是混合動力車，PHV是插電式混合動力車，FCV是燃料電池車
● 純電車的續航里程短，適合短程用途

出處：基於一般社團法人 日本自動車工業會「2050 年邁向碳中和的課題與措施」
　　　（URL：https://www.meti.go.jp/shingikai/mono_info_service/carbon_neutral_car/pdf/004_04_00.pdf）製作

Point

⟋ 電動車大多會顯示可行駛距離和電池的剩餘電量
⟋ 剩餘電量降到零後就會欠電，無法繼續行駛
⟋ 汽車補充一次能量後可行駛的距離稱為續航里程

» 充電① 替電動車充電

2種充電口

享受完「LEAF」的駕駛過程後，接著來體驗一下充電的部分吧。電動車的充電相當於汽油車的加油，但在概念和頻率上跟加油有些不同。

要替電動車充電，首先要打開充電口的蓋子。以「LEAF」來說，只要拉動車內的拉桿，即可打開位於車輛前方引擎蓋上的外蓋，看到底下的2個充電口（圖1-15）。這2個分別是慢速充電和快速充電用的充電口。

2種充電方式

電動車的充電方式分為慢速充電和快速充電（圖1-16）。慢速充電是**平常使用的充電方式**，會用小電流替動力電池充電。這種方法需要很長的充電時間，但對動力電池的負擔較小，可以完全充飽電池。若要在自己家裡進行慢速充電，則停車場需要安裝充電設備。

另一方面，快速充電是**在外出地防止欠電用的緊急充電方式**，會用大電流在短時間替動力電池充電。以「LEAF」來說，這種方法的**充電時間約為30～60分鐘左右**，比慢速充電的時間更短，但對動力電池的負擔較大，只能充到80%左右。快速充電只能在設有大電流設備的充電站進行。

換言之，電動車的充電在概念上跟汽油車的加油不一樣，也更花時間。因此有些人會覺得「電動車不方便」。但只要理解充電方式的特徵，電動車用起來也可以很方便。

圖1-15　　位於「LEAF」車頭的充電口

左邊是快速充電用，右邊是慢速充電用

圖1-16　　慢速充電與快速充電的所需時間

	慢速充電	快速充電
充電需時	約8小時 （6kW充電器） 約16小時 （3kW充電器）	約40分鐘 （CHAdeMO一次 只能充30分鐘）

※上述充電時間是以日產「LEAF」搭載的40kWh電池為例

Point

🖉 電動車的充電方式有慢速充電和快速充電

🖉 慢速充電是平常用的充電方式，比快速充電更花時間

🖉 快速充電主要是在外用的充電方式，約需30～60分鐘

» 充電② 在家時可進行慢速充電

每天進行慢速充電

　　電動車基本上是在每天都要進行慢速充電的前提下設計。這是因為太常進行快速充電，會加快動力電池的劣化速度。

　　不過，如同前一節提到的，慢速充電非常費時。以「LEAF」（40kWh）為例，慢速充電的時間約為8～16小時。

　　因此，若要購買電動車當家用車使用，家裡（獨棟、高級公寓）必須**先備好可替電動車進行慢速充電的環境**，在開完車回家後立即替車子的充電口插上充電線，替動力電池充電（圖1-17）。

　　跟汽車等到油箱快空時才到加油站加油的方式相比，兩者在概念上有很大差異。

2種慢速充電

　　在自家（獨棟、高級公寓）的停車場進行慢速充電，必須使用專用充電線才能將自家的電力送給電動車（圖1-18）。

　　因此充電的方法也有2種。第一種方法是將電動車的充電口連上停車場附近的普通插座（AC 110V）。另一種方法則是將電動車的充電口連上充電用插座（AC 220V）。

　　前者的電壓比後者低，無法產生大容量的電流，所以充電時間比後者更久。而後者則必須請業者來施工，裝設專用的插座，但充電時間會比前者更短。

圖1-17　　　　　**在自家替電動車進行慢速充電**

用充電線連接安裝在家裡的充電用插座和電動車的充電口

（照片提供：日產汽車）

圖1-18　　　　　**充電用插座（AC 220V）**

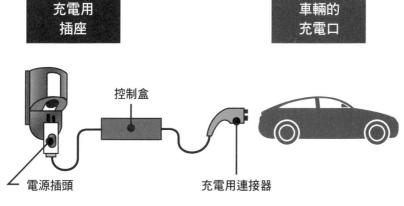

必須請專門業者來安裝

出處：基於EV DAYS「EV的充電插座」

（URL：https://evdays.tepco.co.jp/entry/2021/11/24/000024）製作

Point

⁄電動車基本上是以必須每天充電為前提而設計

⁄要在自家替電動車充電，必須使用專用器材

⁄慢速充電依照電壓大小分為2種

≫ 充電③
外出前先確認充電站

萬一開到一半發現快要沒電的話

假如電動車在外面開到一半發現快要沒電的話，就必須前往充電站進行充電。包含充電站在內的所有充電設備，都可分為慢速充電用和快速充電用2類，但在外充電時大多會使用可在短時間內充飽電的快速充電。

截至2022年5月，全日本共有7,800座可進行快速充電的充電站（根據CHAdeMO協會調查）。原則上只要是在汽車較聚集的市區，附近應該都能找到充電站。

有很多方法可以幫你找到最近的充電站。其中最主要的方式是使用電動車上搭載的**車用導航**，**它可以快速顯示最近的充電站位置。**以「LEAF」為例，只要點擊車用導航介面，就能自動顯示最近的充電站資訊，以及前往該充電站的路徑（圖1-19）。

用手機或電腦查詢

另外，也可以用手機或電腦查詢充電站的位置。比如在Google上搜尋「ev 充電」，再點擊地圖的選項，就能看到充電站的位置。另外，點擊充電站的位置，即可顯示該充電站的詳細資訊，接著再點擊「規劃路線」，地圖便會顯示前往的路徑。不過，有些充電站可能無法看到詳細資訊。

如果想在出發前事先確認充電站的位置，建議可安裝手機用的App。比如「GoGoEV」這款App可以看到日本國內的充電站位置與資訊，並顯示前往該充電站的路線（圖1-20）。

圖1-19 「LEAF」的車用導航介面所顯示的充電站位置

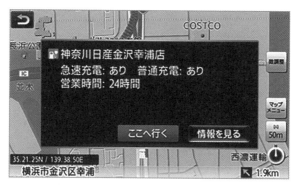

點選該地點即可取得充電器的相關資訊，
並顯示前往該地的路線

出處：日產「LEAF官網」（URL：https://www.nissan.co.jp/OPTIONAL-PARTS/NAVIOM/
LEAF_SPECIAL/1709/index.html#!page?guid-5b1c6a26-3466-4ea1-92d9-2016c33c09a
9&q=%E5%85%85%E9%9B%BB%E3%82%B9%E3%83%9D%E3%83%83%E3%83%88
&p=1）

圖1-20 智慧手機App「GoGoEV」的畫面

方便在出發前預先確認
充電站的位置

Point

🖉 車子快沒電時，可用車用導航尋找充電站
🖉 也可以用手機或電腦搜尋充電站的位置
🖉 事先安裝充電站搜尋App會很方便

» 充電④ 在外面時可進行快速充電

到達充電站後

在日本，主流的快速充電規格是CHAdeMO。本節，我們將介紹在CHAdeMO規格的充電站替電動車進行快速充電的步驟。

駕駛電動車抵達快速充電用的充電站後，首先要把充電線的接頭插入電動車的充電口，然後再操作面板開始充電手續（圖1-21）。

充電的費用不是用現金，而是用該充電樁對應的充電卡支付（圖1-22）。這些充電卡除了車商發行的專用充電卡外，也可以使用永旺的WAON（日本）或悠遊卡（台灣）等第三方票券。不過，實際可用的充電卡種類會因充電站而異。

另外，除了充電卡，雖然也可以直接用信用卡支付，但用信用卡支付的**操作步驟比較繁瑣，而且在某些充電站會收取較高費用**。想使用信用卡支付的話，有時必須先打電話給充電站的管理公司，註冊信用卡的資訊，請對方遠端將充電樁切換成可充電的狀態。

進行快速充電

用充電卡碰一下操作面板，完成充電手續後，充電樁就會自動開始快速充電。之後等到電池電量達到一定的值（比如80%）後，充電樁便會自動停止快速充電（CHAdeMO每次充電限時30分鐘）。

快速充電用的連接頭比慢速充電用的更大，電纜也更粗更重。這是為了在短時間內讓大量電流通過。

結束快速充電後，請把連接頭從電動車的充電口取下，放回原本的位置。然後操作面板完成充電結束的手續後，充電作業就完成了。

| 圖1-21 | 充電站的操作面板一例 |

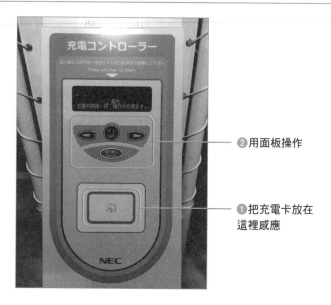

❷用面板操作

❶把充電卡放在
這裡感應

| 圖1-22 | 充電卡一例（e-Mobility Power Card，舊NCS卡） |

放到操作面板上
感應

e-Mobility Power官網「e-Mobility Power提供的充電服務導覽」
（URL：https://www.e-mobipower.co.jp/user/guide/）

Point

∥日本的主流快速充電規格是CHAdeMO

∥要使用充電站，必須擁有充電卡

∥用信用卡支付的話有時操作可能比較繁瑣，收費也更高

» 用了才知道的優缺點

實際駕駛和充電後才會知道的事

至此，我們已帶大家虛擬體驗過一遍「LEAF」的駕駛和充電過程，並介紹了電動車的特徵。不知道你的感想如何呢？

如果你對電動車獨有的「安靜且強而有力的行駛體驗」感興趣，應該會很想親自開一遍看看吧。另一方面，如果你覺得「充電作業聽起來很麻煩」，那或許會對實際駕駛電動車興趣缺缺。不知你是前者還是後者呢？

電動車的優點和缺點

那麼，下面讓我們從使用者的角度，來綜合比較一下汽油車和電動車的優點與缺點吧（圖1-23）。

電動車的主要優點，是行駛時不會排放對環境有害的物質，而且在低速時扭力強大，加速很平滑，操作性和安靜性出色等等。

同時，由於沒有引擎，因此電動車不需要定期更換機油和風扇皮帶等耗材，有著保養成本更低的優點。

另一方面，電動車的主要缺點有大多續航里程較短，充電作業跟汽油車的加油大不相同等等。

另外，目前電動車的車輛價格也比汽油車昂貴不少，而且就算把補助金算進來，購買成本依然很高也是缺點之一（圖1-24）。這點除了車輛本體的購買價格，也必須**比較包含充電費用和保養費在內的綜合成本**。

不過，這些都是從使用者角度來看的優點和缺點。真要比較優缺點的話，除了各國的環保政策外，還必須納入汽車產業的戰略和能源政策等更廣泛的觀點。

圖1-23 **電動車和汽油車的比較**

	汽油車	電動車
驅動使用的動力來源	汽油引擎	馬達
行駛時產生有害物質	有	無
行駛時產生噪音	大	小
續航里程	長	短 （部分車種除外）
補充能源的所需時間	短 （幾分鐘）	長 （快速充電約30～60分鐘）
車輛價格	便宜	昂貴

圖1-24 **續航里程與車輛價格的差異（2023年3月時，日本市場）**

	車種	動力電池容量	續航里程（WLTC模式）	車輛價格（含稅）
汽油車	豐田「Yaris」 X		808km （※）	147萬日圓
	本田「Fit」BASIC		748km （※）	159萬2,800日圓
混合動力車	豐田「PRIUS」 Z	未公開	1,230km （※）	370萬日圓
	日產「NOTE e-POWER」X	未公開	1,427km （※）	224萬9,500日圓
純電車	日產「LEAF」 X	40kWh	322km	408萬1,000日圓
	特斯拉「Model 3」	未公開	565km	536萬9,000日圓

※ 以燃料費×油箱容量計算　　　　　　　　　　　　WLTC模式：國際燃料費計算方法

Point

✐電動車和汽油車各有優缺點
✐電動車的價格普遍高於汽油車
✐必須從更廣闊的觀點來比較和評價兩者

動手試試看

確認自家附近的充電站位置

用手機搜尋

如**1-10**所述,你也可以用手機搜尋充電站的位置。請用「Google」等搜尋引擎或「GoGoEV」等App,找找看離你最近的充電站在哪裡吧。

用電腦搜尋

你也可以在電腦上搜尋充電站的位置。如果想在駕駛電動車前事先確認大範圍的充電站位置,那麼在畫面較大的電腦上看會更方便。不過在駕駛途中若想知道從目前位置到充電站的路線,使用手機App會更方便。

充電站的位置

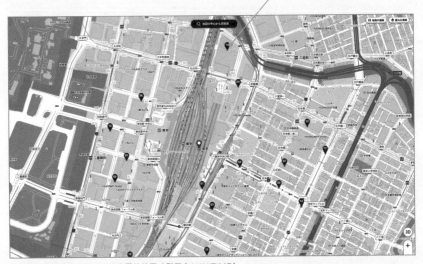

在電腦上搜尋東京車站附近的充電站位置(引用自NAVITIME)

第 2 章

電動車的構造與家族

～從動力系統的差別認識電動車～

» 電動車的基本構造

車身與底盤

　　汽車的主要零件有車身和底盤（圖2-1）。車身是負責承載人和物的箱型結構物。底盤是連接車輪的行駛裝置，同時也有減緩傳給車體的震動和衝擊的緩衝作用。

　　換言之，電動車的基本結構就是一個放在底盤上的車體。

　　電動車的車體結構跟汽油車幾乎一樣。另一方面，電動車的底盤除了俗稱動力系統的一系列驅動相關裝置外，基本結構也跟汽油車相同。

動力系統是特色所在

　　如同在1-2提到的，電動車跟汽油車在動力系統方面有著很大的不同。

　　電動車的動力系統主要由馬達、動力控制元件以及動力電池組成。

　　電動車的動力系統結構比汽油車簡單很多，因為電動車沒有引擎和變速器等組件數很多的零件。

　　因此，電動車的總零件數比汽油車少得多（圖2-2）。雖然零件數的計算方式有很多種，但若切分得較細的話，汽油車的總零件數約有3～10萬個，而電動車只有1～2萬個左右。

　　另外，由於電動車黑箱化的零件數量比汽油車更多，因此需要跟汽油車不同的專業知識才能整修。

圖2-1 乘用車的基本構造（汽油車）

車體

引擎

底盤
- 懸吊系統
- 轉向系統
- 輪胎與輪圈

傳動
- 變速器
- 傳動軸
- 差速器

汽車結構就是一個放在底盤上的車體

出處：Freepik／作者：macrovecter

圖2-2 汽油車與電動車的總零件數

	汽油車	電動車
車體結構	複雜	簡單
零件數	3萬～10萬個	1萬～2萬個
動力源	引擎	馬達
主要零件	離合器、消音器、水箱、油箱、變速機、引擎	動力電池、動力控制元件、馬達

電動車的零件數量比汽油車少

Point

- 電動車的零件可粗分為車體部分和底盤部分
- 底盤的「驅動相關零件」俗稱動力系統
- 電動車的動力系統有很多黑箱化的零件

≫ 電動車的種類

狹義與廣義

接著來看看電動車的種類吧。

電動車有狹義和廣義之分（圖2-3）。狹義的電動車就是前面介紹的以電池為電源、以馬達為動力源的汽車。而廣義的電動車是指所有以馬達驅動的電動車，包含混合動力車（HV）、插電式混合動力車（PHV）、燃料電池車（FCV）等等。因此，狹義的電動車在日本又叫純電車（BEV），而廣義的電動車又叫電動化汽車（xEV）（圖2-4）。

本書將綜合日本常見的稱呼，將狹義的純電池電動車簡稱為電動車（EV），將廣義的電動車稱為電動化汽車。

電動化汽車的開發背景

先前介紹的電動化汽車，在日本又俗稱「環保車」。因為它們跟汽油車相比，行駛時排放的有害廢氣較少，又或是完全不會排放出廢氣。

這類的環保汽車之所以會被開發出來，是因為汽油車和柴油車排放的廢氣，被認為是造成空氣汙染和全球暖化的原因。

換言之，**近年登場的電動化汽車，是為了解決汽油車和柴油車引起的環境問題而開發的**。其中電動車和燃料電池車沒有引擎，行駛中不會排放有害廢氣，所以又被稱為「終極的環保車」。

圖2-3 狹義與廣義的電動車

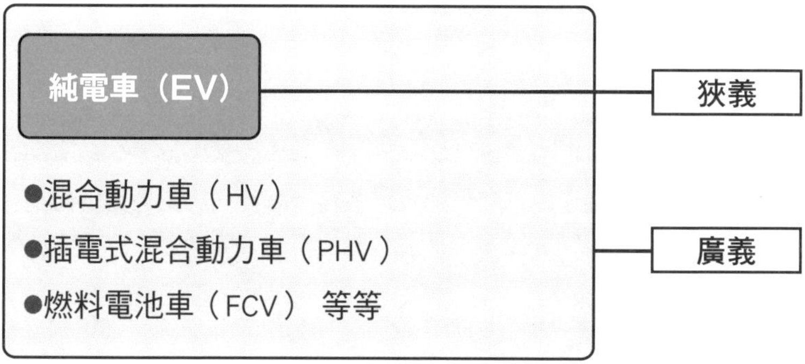

純電車（EV）

●混合動力車（HV）
●插電式混合動力車（PHV）
●燃料電池車（FCV） 等等

── 狹義

── 廣義

圖2-4 主要的電動化汽車種類

	中文	英文	簡稱
電動自動車 （xEV）	電動車	Electric Vehicle （Battery Electric Vehicle）	EV （BEV）
	混合動力車	Hybrid Vehicle （Hybrid Electric Vehicle）	HV （HEV）
	插電式 混合動力車	Plug-in Hybrid Vehicle （Plug-in Hybrid Electric Vehicle）	PHV （PHEV）
	燃料電池車	Fuel Cell Vehicle （Fuel Cell Electric Vehicle）	FCV （FCEV）

Point

🖉 狹義的電動車又叫純電車（BEV）
🖉 廣義的電動車指的是所有用馬達驅動的電動化汽車（xEV）
🖉 近年登場的電動化汽車，是為了減緩環境汙染而開發的

》 構造因種類而異

動力系統的差別

前一節介紹的4種電動車和汽油車,各自有著不同的動力系統結構(圖2-5)。電動車的結構相對簡單,而混合動力車和插電式混合動力車、燃料電池車的結構則比較複雜。

混合動力車和插電式混合動力車兩者皆擁有引擎和馬達。插電式混合動力車是可以靠外部電源充電的混合動力車,跟電動車一樣擁有充電口。

電動車和燃料電池車則完全靠馬達的動力驅動。它們在行駛時之所以不會排放廢氣和巨大噪音,就是因為沒有引擎。

續航里程高的電動化汽車

如同在**1-7**所述的,電動車的一大缺點是續航里程通常比汽油車短。而除了純電車外的另外3種電動化汽車,正是為了彌補續航里程短的缺點而開發。

混合動力車就是加上了能量回收系統的汽油車,因此續航里程比汽油車**更長,某些乘用車種的續航里程甚至超過**1,000km。此外,插電式混合動力車則跟電動車一樣可以用外部電源替動力電池充電,因此續航里程比起混合動力車又更長。

燃料電池車是在電動車上加上俗稱燃料電池的發電裝置和燃料箱,也具有續航里程比電動車更長的特性。

圖 2-5　各種電動化汽車的動力系統構造（以豐田為例）

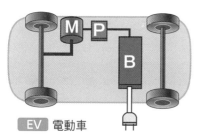

EV　電動車

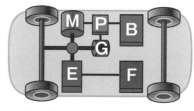

HV　混合動力車
（動力分配式）

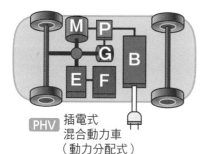

PHV　插電式
混合動力車
（動力分配式）

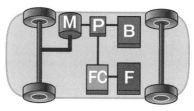

FCV　燃料電池車

M	馬達	B	動力電池
E	引擎	F	燃料箱
G	發電機	FC	燃料電池
P	動力控制單元		外部電源

電動車和插電式混合動力車可以用外部電源替動力電池充電

Point

∥ 電動化汽車的動力系統構造因種類而異
∥ 電動車的續航里程通常比汽油車短
∥ 混合動力的乘用車中，有些車種的續航里程超過 1,000km

» 電動化汽車的共同點

能量的回收循環

目前市售的電動化汽車在動力系統上有個共同點，那就是它們**全都搭載了大容量的動力電池（蓄電池）**，並且可以採用能使用再生煞車的結構。

透過這2項技術，電動化汽車可以回收能量，提高整體的能量利用效率。這對電動化汽車減少電力或燃料消耗量，延長續航里程有很大幫助。

提高能量利用效率的再生煞車

再生煞車是一種使用馬達煞車的煞車方式。它利用了馬達可以當成發電機使用的性質，在減速時利用車輪轉動馬達，用馬達產生的電力替動力電池充電，藉以獲得煞車的力量（圖2-6）。

目前所有電動化汽車都裝有再生煞車系統。因此，以下我們將用汽油車作為對比，解釋再生煞車在減速時如何轉換能量。

傳統的汽油車在減速時，是透過油壓煞車和引擎煞車把汽車的動能轉換成熱能，然後再排放到大氣中。換言之，汽油車的**能量會被丟棄**。

而現在的電動化汽車同時使用再生煞車和油壓煞車來減速。使用再生煞車時，汽車的一部分動能會被馬達轉換成電能，再被電池轉換為化學能儲存起來。換言之，再生煞車回收了一部分過去直接丟棄的能量來替驅動電池充電，並在下次加速時用這個電力轉動馬達，**實現了能量的回收循環**。

圖2-6 加速和減速時的能量轉換

汽油車

靠引擎驅動

加速

燃料

損失　損失

化學 ➡ **熱** ➡ **動**

靠引擎燃燒燃料
獲得動力

減速

損失　放出

動 ➡ **熱** ➡

煞車將動能變成熱能
釋放到大氣中（丟掉）

電動車

靠馬達驅動

加速

電力

放電 ➡ B　M

損失　損失

化學 ➡ **電** ➡ **動**

動力電池放電，
使馬達轉動

減速

再生煞車

電力

充電 ➡ B　M

損失　損失

動 ➡ **電** ➡ 化學

回收部分能量，
替動力電池充電

F	油箱	化學	熱	動	電
E	引擎	化學能	熱能	動能	電能
B	動力電池				
M	馬達				

Point

📖 現在的電動化汽車都搭載了大容量電池和再生煞車系統

📖 汽油車在減速時會丟掉大量能量

📖 用再生煞車系統提高了電動化汽車的能量效率

» 混合動力車① 動力傳遞方式

靠引擎和馬達驅動

混合動力車一般指的是混合（Hybrid）了引擎驅動和馬達驅動這2種系統的汽車。因此，**它的構造比傳統汽車更複雜，造價也更昂貴。**

世界最早量產的混合動力車，是在1997年開始販售的豐田第一代「PRIUS」（圖2-7）。

動力傳遞的3種方式

混合動力車可依照動力系統的傳動方式差異分成3種（圖2-8）：串聯式、並聯式以及混聯式。除此之外，還有另外一種引進了部分混合動力車優點，俗稱「輕油電（Mild hybrid）」的簡易混合動力車，但本書在此割愛省略。

以上3種傳動方式各有優缺長短。**2-6～2-8**將分別介紹它們的特徵。

早期量產的鎳氫電池

混合動力車主要使用鎳氫電池當作動力電池。這是因為鎳氫電池的安全性和可靠度比鋰離子電池好，而且是很早就實現量產的蓄電池。不過，現在也已有使用鋰離子電池的混合動力車種。

另外，動力電池和輔助電池的差異，我們會在**4-3**詳細說明。

圖2-7　世界最早的量產型混合動力車

豐田在 1997 年開始銷售的第一代「PRIUS」

（照片提供：豐田汽車）

圖2-8　混合動力車使用的3種動力傳遞方式

動力傳遞方式	代表性車種　　　。
串聯式	日產　「NOTE e-POWER」
並聯式	本田　「Insight」
混聯式	豐田　「PRIUS」

Point

🖉 混合動力車的結構比汽油車更複雜，造價更高

🖉 混合動力車的動力傳遞方式主要有3種

🖉 混合動力車主要使用鎳氫電池

» 混合動力車② 串聯式與並聯式

用引擎轉動發電機的串聯式

串聯式是**將驅動裝置以串聯方式組合起來的設計**（圖2-9）。首先引擎帶動發電機，然後再用發電機產生的電力轉動馬達，繼而驅動車輪。

引擎的動力只用來轉動發電機，跟車輪的驅動沒有直接關聯。因此，這種設計也可以說是「搭載了靠引擎動力發電之發電機的電動車」。電流會從發電機經由動力控制單元流到馬達或動力電池。

採用串聯式設計的代表性乘用車款，包含搭載了俗稱「e-POWER」系統的日產「NOTE e-POWER」（圖2-10）和「Serena e-POWER」。這2款車都大量使用了同公司生產之電動車「LEAF」系列的技術。

用引擎和馬達驅動車輪的並聯式

並聯式是**將驅動裝置以並聯方式組合起來的設計**。車輪的驅動同時涉及引擎和馬達。引擎的動力會透過變速箱、離合器、減速機（齒輪裝置）傳給車輪。

馬達的動力則透過減速機傳給車輪。當馬達沒有通電時，車輪可以完全靠引擎驅動，也可以用引擎的動力轉動馬達來發電，替動力電池充電。同時，只要用離合器分離引擎，也可以完全靠馬達驅動。

採用並聯式設計的代表性乘用車款，包含引進了「IMA系統」的本田「Insight」（圖2-11）和「Fit Hybrid」。

圖2-9 串聯式和並聯式的驅動原理

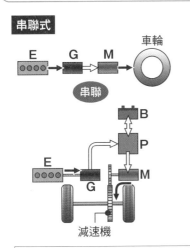

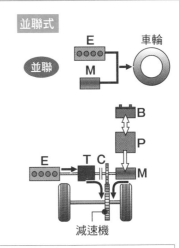

動力 ➡	電力 ⇨
E 引擎	P 動力控制單元
M 馬達	T 變速箱
G 發電機	C 離合器
B 動力電池	

驅動裝置以串聯方式排列即是串聯式，
以並聯方式排列即是並聯式

圖2-10 日產的第一代「NOTE e-POWER」

（照片提供：日產汽車）

圖2-11 本田的第一代「Insight」

（照片提供：本田技研工業）

Point

🖊 串聯式是以串聯方式設置驅動裝置

🖊 並聯式是以並聯方式設置驅動裝置

» 混合動力車③　混聯式

組合2種驅動方式的混聯式

　　混聯式是組合串聯式和並聯式的驅動方式。這種驅動方式的優點是可依照行駛狀況自動切換多種傳動模式，分別利用引擎和馬達的輸出優勢，達到節省油耗的效果。缺點則是動力系統的構造變得複雜，因而導致製造成本增加。

　　混聯式主要分成使用離合器的方式，以及使用動力分割機構的方式（動力分配式）這2種（圖2-12）。這2種方式各自可用離合器或動力分配機構來切換驅動系統，因此可以在停止時用引擎動力發電，替動力電池充電或是在行駛時停下引擎，像電動車那樣只用馬達驅動。

　　另外，豐田的動力分割裝置採用了使用行星齒輪的動力分配式。關於這個方式我們將在下一節詳細介紹。

用動力控制單元切換傳動模式

　　混聯式是**由動力控制單元選擇最適合的傳動模式，並且可以自動切換**（圖2-13）。簡單來說，動力控制單元會接收車輛的行駛速度、馬達負荷、動力電池的剩餘電量等輸入訊號，然後瞬間選擇當下最適合的傳動模式，輸出切換傳動模式的訊號。

　　動力控制單元選擇的傳動模式包含串聯式的串聯模式、並聯式的並聯模式以及兩者皆非的過渡模式。

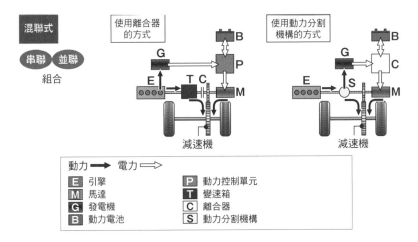

圖2-12 混聯式的原理

混聯式

串聯 並聯
組合

使用離合器的方式

使用動力分割機構的方式

減速機

減速機

動力 ➡ 電力 ⟹

E 引擎　　　　P 動力控制單元
M 馬達　　　　T 變速箱
G 發電機　　　C 離合器
B 動力電池　　S 動力分割機構

混聯式的構造可在需要時於串聯式和並聯式之間切換

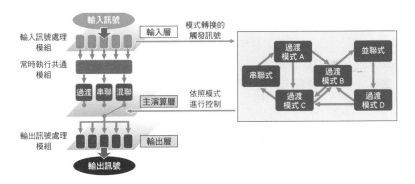

圖2-13 混聯式的模式切換

輸入訊號

輸入訊號處理模組　　　輸入層

常時執行共通模組

過渡　串聯　混聯　　主演算層

輸出訊號處理模組　　　輸出層

輸出訊號

模式轉換的觸發訊號

依照模式進行控制

過渡模式 A　　並聯式

串聯式　　過渡模式 B

過渡模式 C　　過渡模式 D

依照行駛速度或行駛條件選擇最合適的傳動模式，自動切換

出處：參考 廣田幸嗣、足立修一編著，出口欣高、小笠原悟司共著《電動車的控制系統》（暫譯，東京電機大學出版局）的圖4.12製作

Point

✎ 混聯式可依動力分割機構的差異分成數個種類
✎ 混聯式可依行駛條件切換傳動模式

混合動力車④　動力分配式

使用行星齒輪機構的動力分割機構

如同上一節提到，豐田的混合動力車採用的是混聯式中俗稱動力分配式的驅動方式。這種驅動方式採用了利用到行星齒輪機構的動力分割機構。

行星齒輪機構是**擁有3個旋轉系統的齒輪機構**，齒輪的運動方式就類似太陽系的行星繞著太陽公轉，因此稱為行星齒輪機構（圖2-14）。位於中央的齒輪稱為太陽齒輪，繞著太陽齒輪轉的齒輪則稱為行星齒輪，而在行星齒輪外面轉的大齒輪叫環齒輪或內齒輪。行星齒輪的轉軸在行星架上。這裡為了方便，我們將太陽齒輪的轉軸稱為Ⓐ，行星架的轉軸稱為Ⓑ，環齒輪的轉軸稱為Ⓒ。

用動力分割機構切換模式

在豐田的混合動力車上，Ⓐ連接著發電機，Ⓑ連接著引擎，Ⓒ則連接著車輪和馬達（圖2-15）。在車輛靜止替動力電池充電時，Ⓒ會保持靜止，將引擎的動力傳給發電機。而只靠馬達轉動車輪時，Ⓑ會保持靜止，將馬達的動力傳給車輪和發電機。當要同時用引擎和馬達驅動車輪時，Ⓐ·Ⓑ·Ⓒ全部都會旋轉，將引擎和馬達的動力傳給車輪。

這種設計的優點是可依照行駛狀況自動切換多種傳動模式，分別利用引擎和馬達輸出特性的優勢，達到降低油耗的效果。但缺點是傳動構造非常複雜，使得製造成本大幅提升。

圖2-14　**被當成動力分割機構使用的行星齒輪機構**

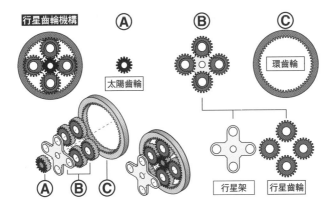

圖2-15　**動力分配式的傳動模式種類**

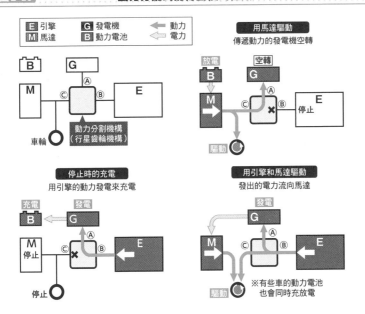

Point

✐ 豐田的混合動力車採用了使用行星齒輪機構的動力分配式設計
✐ 行星齒輪有3個旋轉系統

>> 電動車與持續變化的市場現狀

只有動力電池單一電源的汽車

電動車的動力系統比混合動力車更**簡單**（圖2-16）。電動車的基本結構就只有驅動車輪的馬達、動力控制單元以及動力電池而已。比如以日產的「LEAF」來說，馬達和動力控制單元位於前方引擎蓋下，動力電池則位於車輛的中央部分底下。

「LEAF」的動力電池採用的是鋰離子電池。鋰離子電池的價格比鎳氫電池昂貴，但另一方面則有容量更大、可以隨充隨放等優點。

電動車的主要弱點是續航里程通常比汽油車和混合動力車短，以及車輛價格更昂貴；而究其原因其實就是動力電池容量不大又昂貴造成的。另外，雖然也有像特斯拉的「Model 3」這種透過增加動力電池容量來實現500km以上續航里程，與汽油車相近的電動車，但它們的價格在日本往往超過500萬日圓，非常昂貴。

中國和美國崛起

第一輛搭載鋰離子電池的量產化電動乘用車是在日本誕生的。2009年，以輕型車產品為主的三菱汽車推出了第一代「i-MiEV」，然後2010年日產的第一代「LEAF」（圖2-17）也正式上市販售。

然而，如今電動車市場的局勢已出現巨大改變。美國的特斯拉和中國的比亞迪等**外國車廠紛紛進軍電動車市場**，且銷售輛數正不斷增加。

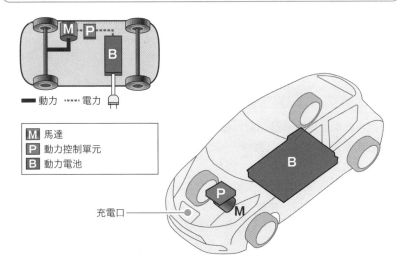

圖2-16 日產「LEAF」的動力系統

—— 動力 ┄┄ 電力

M 馬達
P 動力控制單元
B 動力電池

充電口

沉重的動力電池安裝在靠近車體正中央的車底

圖2-17 日產在2010年上市的第一代「LEAF」

（照片提供：日產汽車）

Point

✎ 電動車的動力系統結構很簡單
✎ 電動車存在續航里程較短的弱點
✎ 近年外國車廠的電動車銷量快速增加

» 可充電的插電式混合動力車

可用外部電源替車子充電

插電式混合動力車是由混合動力車改良而來，在構造上可以像純電車那樣**透過充電站等外部電源替動力電池充電**（圖2-18）。這類車款的動力電池容量通常比混合動力車更大。

插電式混合動力車有其優點，也有其缺點。

它的優點是搭載了內燃機和燃料，所以**續航里程比純電動車更長**。另外，只要事先替動力電池充電，並裝滿燃料的話，還能跑得比混合動力車更遠。

但它的缺點是**構造比起混合動力車和純電動車又更加複雜，車輛價格更為昂貴**。

代表性的日本車種

在日本車廠開發的插電式混合動力車中，較具代表性的有豐田的「PRIUS PHV」（圖2-19）以及三菱的「OUTLANDER PHEV」（圖2-20）。這2款車的混合動力系統構造各不相同，「PRIUS PHV」採用了動力分配式構造，而「OUTLANDER PHEV」採用的是串聯式構造。

「OUTLANDER PHEV」可以說是「裝有汽油發電機的電動車」，因為它在短程時可以幾乎不需要運作引擎，像電動車一樣行駛。然而，當馬達的負荷太大，或是動力電池的電量變少時，它就會自動啟動引擎發電，替馬達和動力電池供電。

圖2-18 　　　　　　　　**插電式混合動力車的動力系統**

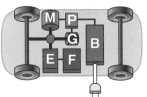
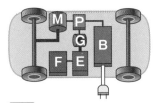

PHV 動力分配式　　　　　　　　PHV 串聯式

M 馬達	**B** 動力電池
E 引擎	**F** 燃料箱
G 發電機	⚡ 外部電源
P 動力控制單元	

圖2-19 　　　　　**豐田在2012年推出的第一代「PRIUS PHV」**

傳動方式是
動力分配式
（照片提供：豐田汽車）

圖2-20 　　　　**三菱在2013年推出的第一代「OUTLANDER PHEV」**

傳動方式是
串聯式
（照片提供：三菱汽車）

Point

🖋 插電式混合動力車可以透過外部電源充電
🖋 插電式混合動力車的續航里程比電動車更長
🖋 插電式混合動力車的構造很複雜，價格也昂貴

» 靠氫行駛的燃料電池車

燃料電池是發電裝置

　　燃料電池車是一種搭載燃料電池的電動車。所謂的燃料電池，是消耗燃料來發電的發電裝置。燃料電池發出的電力會經由動力控制單元流往馬達和動力電池，用於驅動車輪或充電（圖2-21）。

　　現在量產的燃料電池車所使用的燃料是氫。燃料電池會讓儲存在高壓氫罐內的氫跟空氣中的氧進行電化學反應來發電。而這個電化學反應只會產生對環境無害的水。

沒有加氫站就無法跑

　　燃料電池車的優點跟電動車一樣，都是在行駛時不會排放有害物質，也不會發出巨大噪音。因此，這種車子跟前面介紹的電動車被合稱為ZEV（Zero Emission Vehicle，零排放車）。另外，燃料電池車的另一大特點是它的**續航里程通常比電動車更長**。

　　然而，燃料電池車的缺點是燃料電池的催化劑或動力電池內的電極會用到鉑或鈷等稀有金屬，所以車輛價格非常高昂，而且材料的進口也伴隨著資源風險，還有加氫站太少，導致**駕駛人找不到補充氫氣的地方，相當不方便**。

　　目前燃料電池車已經量產上市。除了乘用車之外，也有巴士和卡車等大型車。其代表車款有豐田的乘用車款「Mirai」（圖2-22），以及同樣是豐田研發的公車「Sora」（圖2-23）。「Sora」已被引進東京，作為都營巴士開始使用。

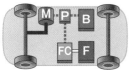

圖 2-21　　　　　　　　　　**第一代「Mirai」的動力系統**

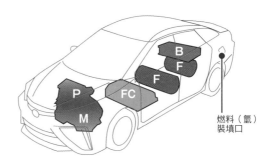

━ 動力　┉ 電力　━ 氫

M	馬達
P	動力控制單元
B	動力電池
F	高壓氫罐
FC	燃料電池堆

燃料（氫）
裝填口

圖 2-22　　　　　　　　　　**豐田開發的第一代「Mirai」**

世界最早的量產型燃料電
池車在2014年上市
（作者於 MEGA WEB 拍攝）

圖 2-23　　　　　　　　　**豐田開發的燃料電池巴士「Sora」**

（照片提供：豐田汽車）

Point

🖉 燃料電池車就是搭載燃料電池的電動車
🖉 燃料電池車的續航里程比電動車更長
🖉 在加氫站不足的地區，相當不方便

» 轉彎靈活的超小型車

緊湊型電動車

在日本可於公路行駛的車型中，有種體積比普通乘用車更緊湊嬌小的車種，被稱為「超小型車」。日本國土交通省將這類車種定義為「體積比一般汽車更緊湊靈活，對環境友善，適合作為地區內簡易移動手段，**可乘坐1～2人的車輛**」。

現在日本國內使用的超小型車為了提高環保性能，全部都已經電動化，因此又俗稱「小型EV」。這種車的最高時速被限制不可超過60km，所以無法行駛於高速公路。目前在日本駕駛小型EV需要持有普通自動車駕照。

多元的用途

超小型車除了優異的環保性能，也逐漸成為都市和鄉村的新移動手段，可作為高齡者和家長們的代步工具，有望幫助提振觀光和振興鄉村地區。

目前日本已在進行相關的驗證實驗。比如豐田在2013年發表的電動三輪車「i-ROAD」，便被用於東京都會區等部分地區實施的共享汽車服務實驗（圖2-24）。

現在此服務已正式上路。例如豐田在2020年開始販售的超小型車款「C⁺pod」，便被愛知縣豐田市等地方政府採購用於公務車、共享汽車服務、到府診療、外送服務等等（圖2-25）。

然而，**從日本全國的角度來看，民眾對超小型車的認識度依然很低，很難稱得上普及**。要打破這個困境，就必須讓超小型車的使用更方便，並減少道路交通法規上的限制。

圖 2-24 **豐田的2人座超小型車「i-ROAD」**

電動的三輪車,特性是過彎時車體會自動傾斜

圖 2-25 **豐田的2人座超小型車「C⁺pod」**

四輪的電動車,被用於愛知縣豐田市等的地區共享汽車服務

Point

∥ 超小型車,是乘坐人數1~2人,可在公路行駛的小型車種
∥ 在日本,超小型車已被部分地區的地方政府引進,但認知度還是很低

動手試試看

試著打開電動車的引擎蓋

動力系統構造的差異,只要打開位於汽車前方引擎蓋就能看出。

汽油車的動力系統幾乎都是把引擎配置在中央,前方還有用於冷卻引擎大型水箱。電動車也有冷卻機器用的水箱,但體積沒有汽油車那麼大。

例如日產「LEAF」的中央是動力控制單元,右側是輔助電池。而負責給予車輪動力的馬達位於動力控制單元的正下方。水箱則被外蓋包覆因而看不見。

另外,由於電動車上有些零件會有大電流通過,因此請不要隨便碰觸引擎蓋內部的機器,避免觸電。

動力控制單元

輔助電池

日產第二代「LEAF」的引擎蓋內部。打開後可以看到動力控制單元和輔助電池

第 3 章

電動車的歷史

～經歷三波浪潮後的飛躍性發展～

≫ 電動車的歷史比汽油車更古老

沒有引擎的電動車

　　電動車比汽油車更早發明。由於電動車是近年才開始受到關注，因此常給人一種「新型汽車」的感覺，但其實電動車的問世時間比汽油車還早。相較於世界第一輛實用化的汽油車──1885年德國的卡爾‧賓士發明的三輪乘用車（圖3-1），1870年代的英國就已經出現了電動車。

　　電動車的開發也比汽油車更容易。因為早期電動車使用的馬達（直流馬達）和電池（鉛蓄電池）都比汽油引擎更早邁入實用階段。

三波電動車浪潮

　　從歷史的角度來看，電動車和汽油車有著非常奇妙的關係。儘管電動車曾因汽油車的發展進步而衰退沒落，但後來卻又**因汽油車對環境的不良影響而再次復活**，而且這段歷史還重演了多次。

　　電動車在歷史上主要有3個被全球注目的時期（圖3-2）。本書出於方便，分別將這3個時代稱為「第一波浪潮」、「第二波浪潮」、「第三波浪潮」。「第一波浪潮」起於初期電動車開始加速開發的1880年代，終於汽油車發達普及的1910年代。「第二波浪潮」發生在3-5將介紹的ZEV法規通過後的20年。而「第三波浪潮」則是2010年前後搭載鋰離子電池的電動車投入量產後到現在。另外，日本跟全球的浪潮不同，在歷史上共有2段電動車受到關注的時期。

圖3-1　**1885年卡爾‧賓士開發的三輪乘用車**

世界最早實用化的汽油車
（作者攝於柏林的德國科技博物館）

圖3-2　**電動車的歷史**

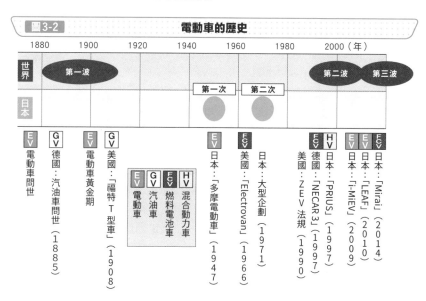

	1880	1900	1920	1940	1960	1980	2000 （年）
世界	第一波					第二波	第三波
日本				第一次	第二次		

EV 電動車問世

GV 德國…汽油車問世（1885）

EV 電動車黃金期

GV 美國…「福特T型車」（1908）

EV 電動車	GV 汽油車	FCV 燃料電池車	HV 混合動力車

EV 日本…「多摩電動車」（1947）

FCV 美國…「Electrovan」（1966）

日本…大型企劃（1971）

美國…ZEV法規（1990）

FCV 德國…「NECAR 3」（1997）

HV 日本…「PRIUS」（1997）

EV 日本…「i-MiEV」（2009）

EV 日本…「LEAF」（2010）

FCV 日本…「Mirai」（2014）

● 全世界共發生過三波電動車浪潮
● 日本則獨自發生過2波浪潮

Point

🖉 電動車比汽油車更早發明出來
🖉 電動車因為汽油車的環境問題而再次受到重視
🖉 全球範圍的電動車浪潮共有三波

》 第一波電動車浪潮

在都會區與日俱增的電動車

最初介紹的電動車「第一波浪潮」，發生在搭載直流馬達和鉛蓄電池的初期電動車最發達的時期。由於**當時汽油車的技術尚未成熟**，所以電動車被認為是可以取代蒸汽車（靠蒸汽引擎的力量驅動的車）的明日之星。

在1880年代，英國、法國、德國都針對電動車進行研發與銷售，且都市地區擁有電動車的人也愈來愈多。在1889年時，英國倫敦更出現了第一輛電動巴士。

20世紀初期真實存在的混合動力車

1898年，奧地利的斐迪南·保時捷（Ferdinand Porsche）開發出了名為「P1」的電動車，是輛外觀相當類似馬車的乘用車。

1899年，比利時的卡米耶·熱納齊（Camille Jenatzy）開發了名為「La Jamais Contente（永不滿足者）」的電動車（圖3-3）。該輛電動車的車身採用了流線型設計，並在行駛測試中跑出了105.9km/h的紀錄，是**汽車史上第一輛時速突破100km/h的車**。

到了1900年，前面提到的保時捷又開發了名為「Lohner-Porsche Mixte」的串聯式混合動力車（圖3-4）。這輛電動車採用輪轂馬達（安裝在車輪內的馬達）驅動，並為提升續航里程搭載了由汽油引擎驅動的發電機。

與此同時，由於電動車很容易駕駛，美國在1890年代到1910年代也曾大量生產電動車。這是美國電動車的黃金時期。

電動車主要用於美國的都市地區，在各大都市中被大量用來當成計程車。

圖3-3　　卡米耶・熱納齊開發的電動車「La Jamais Contente」

世界首輛時速突破100km/h的車
（照片：達志影像／提供授權）

圖3-4　　斐迪南・保時捷開發的「Lohner-Porsche Mixte」

引進了輪轂馬達（箭頭處）的劃時代電動車
（照片：達志影像／提供授權）

Point

🖊電動車在汽油車技術仍未成熟的時代曾相當發達

🖊史上第一輛突破100km/h的車子也是電動車

🖊1900年開發出了第一輛串聯式混合動力車

》 石油革命與汽車大眾化

汽車對平民而言曾是高嶺之花

儘管在電動車的抬頭期，汽油車的開發工作也在不斷推進，但汽車的整體持有量卻沒有上升。**因為當時的汽油車不僅車輛本身售價昂貴，燃料（汽油）價格也很高，對平民來說就像高嶺之花。**

然而到了20世紀初葉，發生了一舉改變這個現狀的2個事件。那就是**燃料與乘用車價格的下跌**。

大油田的發現與燃料價格下跌

在大油田發現後，石油時代到來，使得燃料價格大幅下降。1901年，建造在美國德州的紡錘頂油田挖到了大量原油，使美國的原油生產量暴增（圖3-5）。

以此事件為契機，全球不僅一口氣從以木材和煤炭為燃料的時代轉移到以石油為燃料的時代，作為汽車燃料的汽油也變得唾手可得。

福特T型車與乘用車的大眾化

而乘用車價格的下跌則歸功於生產方法的改良。美國汽車製造商福特公司發明了利用輸送帶的流水線量產系統，自1908年開始銷售廉價的汽油車「福特T型車」（圖3-6）。這款車直到1927年為止一共生產了1,500萬輛，取代了馬車成為社會大眾的乘用車而廣泛普及。

由於以上2個事件，**汽油車最終成為平民的代步工具**，歐洲和美國的電動車研發熱潮也畫上句點。

圖3-5 　建造於紡錘頂的油田

由於發現大規模油田，原油產量大幅增加，讓全球進入石油時代

圖3-6 　美國的汽油車「福特T型車」

引擎蓋　方向盤　後座椅墊　車身　水箱　車頭燈　後輪　發動桿　前彈簧　前輪

這款車被認為是汽車普及的契機
（作者攝於豐田博物館）

Point

- 早期的汽油車售價很高，對平民而言高不可攀
- 20世紀初期，燃料和乘用車的價格大幅下跌
- 由於這波下跌，汽油車得以大眾化

》 日本特有的電動車浪潮

日本發生過兩波浪潮

在全球的「第一波浪潮」和「第二波浪潮」之間，日本曾獨立發生過2次電動車熱潮（圖3-7）。這2次熱潮的發生契機分別是石油燃料短缺和空氣汙染。

解決石油短缺困境的電動車

日本的第一次電動車熱潮發生在第二次世界大戰剛結束之時。其契機是石油燃料短缺。

日本早在戰前就持續進行石油燃料的管制，在戰爭期間石油精煉業又遭受巨大損害，導致戰後陷入嚴重的石油短缺。因此，當時的日本開始積極研發搭載鉛蓄電池的國產電動車。其中代表性的車款有1947年上市的「多摩電動車」（圖3-8）。

這波熱潮後來隨著1950年韓戰爆發導致鉛蓄電池價格飆漲，以及1952年石油燃料管制結束，汽油車產量開始增加而落幕。

以空氣汙染為契機加速開發

第二次熱潮則發生在1970年前後。當時的日本正值經濟高速成長期，工廠和汽車排放的廢氣導致空氣汙染，並引起光化學煙霧等現象。同時，1970年美國通過馬斯基法案（空氣汙染防治法），迫使日本的汽車製造商不得不著手研發不會排放廢氣的電動車。

然而，隨著汽油車和石油燃料進一步改良後，當時的空氣汙染問題得到解決，電動車的開發又再次中止。

圖3-7 ᐧᐧᐧᐧᐧᐧᐧ 日本在二戰後發生過2次電動車熱潮

第一次	第二次
戰後石油燃料短缺	空氣汙染問題嚴重
國產電動車登場	美國通過馬斯基法案
●韓戰導致鉛蓄電池價格高漲 ●石油燃料結束管制	●日本政府成立大型企劃 ●推動電動車開發
●汽油車發達 ●電動車衰退	●汽油車和石油燃料改良 ●汽油車發達

圖3-8 ᐧᐧᐧᐧᐧᐧᐧ **1947年開發的「多摩電動車」**

第二次世界大戰剛結束，石油燃料短缺時登場的電動車
（作者攝於日本汽車技術展〈2016年5月〉會場）

Point

🖊 日本的第一次電動車熱潮起因於石油燃料短缺

🖊 第二次熱潮則以空氣汙染和馬斯基法案為契機

≫ 第二波電動車浪潮

加州嚴格的汽車法規

這裡稍微回頭聊一下電動車的歷史。

國際的第二波電動車浪潮起因於ZEV法規的制定。ZEV法規是1990年美國加州通過的一項法律，要求汽車製造商銷售的汽車中必須有一定比例的ZEV（Zero Emission Vehicle，零排放車），以減少汽油車的數量。ZEV不限於電動車，也包含燃料電池車。

之所以會制定這項法令，是因為加州的空氣汙染變得日益嚴重。當時加州的某項調查發現，由於空氣汙染導致許多加州居民的健康受損，而汽油車的廢氣被認為是空氣汙染的原因之一。

而ZEV法規的制定，成為各車廠加速研發ZEV一大契機（圖3-9）。然而，由於當時鎳氫電池和鋰離子電池等大容量的蓄電池才剛進入量產階段，因此在技術層面仍難以馬上搭載到電動車上。

來自汽車業與石油業的反彈

另一方面，ZEV法規也引起美國汽車業和石油業的強力反彈。因為ZEV一旦普及，汽車業投入汽油車的研發成本將難以回收，而石油業的石油銷量也會減少。

因此，儘管美國通用汽車（GM）開發的電動車「EV1」（圖3-10）在1996年上市販售，卻受到汽車業和石油業的反彈，後來只能全部召回。

受此事件影響，加州重新審視了ZEV法規，也澆熄了美國電動車研發的熱潮。

圖3-9 為ZEV法規打造的次世代汽車

共同元素

動力電池

馬達

動力控制單元

+

	汽車種類
＋充電	電動車
引擎＋充電	插電式 混合動力車
引擎	混合動力車
燃料電池＋氫燃料槽	燃料電池車

出處：基於日本資源能源廳「不只有『電動車（EV）』？從『xEV』思考汽車的新時代」
（URL：https://www.enecho.meti.go.jp/about/special/johoteikyo/xev.html）製作

圖3-10 通用汽車開發的量產型電動車「EV1」

受到汽車業和石油業的反對，後來全部召回
（照片：達志影像/提供授權）

Point

- 因為空氣汙染日益嚴重，加州曾制定ZEV法規
- ZEV加速開發的主要原因，即是ZEV法規
- 美國汽車業和石油業對ZEV法規的制定發出強烈反彈

》 燃料電池車的開發

率先展開研發的美國

接著，我們來回顧一下跟電動車同屬ZEV，也曾經備受期待的燃料電池車的歷史。

早在ZEV法規上路前，美國就已經有公司在研發燃料電池車。比如，美國的通用汽車**在1966年就開發出了全球第一輛在公路上行駛的燃料電池車「雪佛蘭Electrovan」**（圖3-11）。然而，這輛車內搭載的機器零件很多，不僅成本高，性能也不好，沒能展現出燃料電池車的優勢，所以通用汽車在這之後便暫時中止了燃料電池車的研發。

開發出實用化乘用車的德國

繼美國之後開發出燃料電池車的國家是德國。德國車廠戴姆勒・賓士（現為梅賽德斯・賓士集團）使用了在加拿大研發的高性能固體高分子型燃料電池（使用具離子傳導性的高分子膜當電解質的燃料電池），在1994年發表了自家的燃料電池車「NECAR 1」。之後，該公司又繼續改良，在1997年發表了比「NECAR 1」更小型的乘用車「NECAR 3」。「NECAR 3」是世界第一輛搭載甲醇重組型燃料電池（讓作為燃料的甲醇通過改質器取得氫的燃料電池）的燃料電池車，最高時速120km/h，續航里程400km，是具有實用價值的乘用車（圖3-12）。

戴姆勒・賓士在發表「NECAR 3」後，又宣布「**將在2004年生產4萬輛，2007年生產10萬輛燃料電池車**」，震驚了全球的汽車相關從業者。當時正值ZEV法規剛上路不久，所以業界對同為ZEV的燃料電池車的需求就跟電動車一樣高。**以此為契機，美國、德國以及日本都正式展開燃料電池車的開發工作。**

圖3-11 **通用汽車開發的燃料電池車「雪佛蘭Electrovan」**

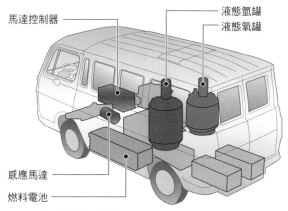

馬達控制器

液態氫罐
液態氧罐

感應馬達
燃料電池

車內安裝的機器很多，因此只有2個座位

圖3-12 **戴姆勒‧賓士發表的燃料電池車「NECAR 3」**

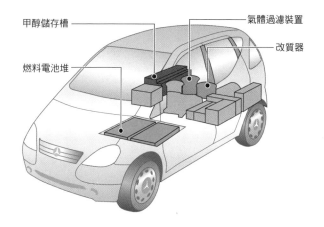

甲醇儲存槽

氣體過濾裝置
改質器

燃料電池堆

在此項發表後立即公布量產計畫，震驚了世界

Point

✎ 美國在1960年代開始研發燃料電池車
✎ 德國在2004年公布了燃料電池車的量產計畫
✎ 隨後美國、德國、日本開始加速開發燃料電池車

≫ 混合動力車的量產化

混合動力車登場

在第二波浪潮期間，曾發生過一件大幅加速電動車開發的重要事件。那就是同時使用引擎和馬達驅動的混合動力車的登場。

日本的豐田以在外國研發的ZEV技術為基礎，開發出了新型態的乘用車「PRIUS」，並於1997年上市（圖3-13）。**這是全世界第一輛用於量產型乘用車的混合動力車。**

「PRIUS」的最大特長，是引進再生煞車，提高了能量效率，因此比傳統汽油車更省油，排放的二氧化碳等會汙染環境的物質也比較少。

由於「PRIUS」還是搭載了會排出廢氣的引擎，所以不是完全的ZEV，售價也比汽油車昂貴很多。然而前述的加州政府將混合動力車視同ZEV，同樣提供了購買時的補助，降低民眾購車時的經濟負擔，大幅拉高了混合動力車的銷量。

建立電動車的基礎

混合動力車得以實現量產，除了要歸功於大容量電池的問世外，還得感謝電車和家電領域發展出的先進交流馬達控制技術，以及可回收動能的再生煞車系統的實用化。

此外，**上述技術的出現，不只對混合動力車，對電動車的發展也有很大貢獻。**因為混合動力車只要加上能連接外部電源的設計，就能變成插電式混合動力車；而插電式混合動力車拿掉引擎後就變成了純電車，再加上燃料電池的話就是燃料電池車（圖3-14）。

圖3-13　豊田開發的「PRIUS（第一代）」

世界最早上市的量產型混合動力乘用車，
本車的問世加速了電動車的研發

（作者攝於汽車技術展〈2016年5月〉會場）

圖3-14　自混合動力車衍生而來的電動車（以豊田為例）

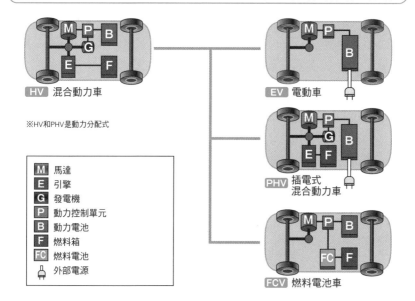

HV 混合動力車

※HV和PHV是動力分配式

M	馬達
E	引擎
G	發電機
P	動力控制單元
B	動力電池
F	燃料箱
FC	燃料電池
🔌	外部電源

EV 電動車

PHV 插電式混合動力車

FCV 燃料電池車

在混合動力車上研發出的技術，也可應用於
電動車、插電式混合動力車以及燃料電池車

Point

🖉 量產型的混合動力車是在日本誕生
🖉 豊田「PRIUS」是世界最早的量產型混合動力乘用車
🖉 量產型混合動力車的問世加速了電動車的研發

» 第三波電動車浪潮

搭載大容量電池的電動車登場

第三波浪潮始於搭載了大容量鋰離子電池的**實用型電動車問世**，並一直持續到現在。

射出量產型電動車第一箭的，是三菱在2009年於一般通路上市的「i-MiEV」（圖3-15），以及日產在2010年推出的「LEAF」（圖3-16）。這2款都是搭載了大容量鋰離子電池的量產型乘用車，並採用了再生煞車來提高能量效率，具有續航里程比傳統電動車更長的特性。（※譯註：雖然特斯拉的「Roadster」於2008年上市，但只能在有限通路以預付訂金的方式預購，且價格非常昂貴，故不屬於作者「在一般通路上市」的標準。）

汽車法規與去碳化社會

在第三波浪潮中，不只是電動車，插電式混合動力車和燃料電池車也開始**正式進入市場**。這2種車分別是在混合動力車上加上可連接外部電源的裝置，以及在電動車上加上燃料電池的汽車。

儘管美國和德國比日本更早開發出燃料電池車，但世界最早在一般通路銷售量產型氫能源乘用車的卻是日本的豐田。豐田在2014年開始向普通消費者銷售燃料電池乘用車「Mirai」（圖3-17）。

這幾家公司之所以不約而同在同一時期推出量產型電動車，主要有2個原因。第一個原因是美國加州的**新汽車法規**。該州於2011年宣布，自2018年起將把混合動力車從環保車的定義中排除。另一個原因則如下一節的說明，是因為去碳化社會已成為一項全球目標，將長期依賴化石燃料的汽車電動化乃是**去碳化**的當務之急。

| 圖3-15 | 三菱開發的電動車「i-MiEV（第一代）」 |

世界最早在一般通路推出的
量產型電動乘用車
（作者攝於豐田博物館）

| 圖3-16 | 日產開發的電動車「LEAF（第一代）」 |

作為實用型的乘用車，銷量
十分亮眼，在歐洲也有不錯
銷量

| 圖3-17 | 豐田開發的燃料電池車「Mirai（第一代）」 |

世界最早在一般通路上市的
實用型燃料電池乘用車。正
確來說是搭載了動力電池的
燃料電池混合動力車
（作者攝於 MEGA WEB）

Point

✐ 在第三波浪潮中，實用化的電動車開始正式上市
✐ 燃料電池車和混合動力車開始量產
✐ 汽車法規和去碳化工作加速了電動車開發

》環保意識的提升

全球範圍的環境政策

自2015年起,全球各國為達成在巴黎協定和SDGs中制定的目標,開始致力推動碳中和(圖3-18)。這主要是由於各國的環保意識日益提升,不僅只是為了防止全球暖化,也為了打造永續社會和去碳化,許多國家和地區都開始大步向前。

嚴格的汽車法規

受到上述的思潮影響,**汽油車等會排放廢氣的汽車逐漸被視為汙染的源頭之一**。這些汽車在行駛時會排出二氧化碳等溫室效應氣體,阻礙了去碳化的進程。

因此在一部分的地區,當地政府制定了嚴格的汽車銷售法規。比如歐盟(EU)在前述的巴黎協定制定後,緊縮了排碳汽車的銷售限制,在2021年宣布將在實質上於2035年後禁止銷售汽油車等使用內燃機的汽車。

日益高漲的汽車電動化需求

在這類汽車銷售法規的推動下,全球的汽車製造商不得不推動汽車的電動化,致力於開發電動車。結果,歐洲和中國市場賣出了許多電動車,全球的電動車全年銷量,也**在巴黎協定制定後的2016年到2021年這5年間增加了6倍**(圖3-19)。

圖3-18　　　**以去碳化社會為目標的跨國運動**

	通過年份	目 標
巴黎協定	2016年	將全球平均氣溫上升限制在相對工業革命前的2℃以內，並努力控制在1.5℃以內
SDGs	2015年	為實現具永續性的社會，宣誓在2030年以前達成17大目標
碳中和		平衡二氧化碳的排放量與吸收量，實現實質上的淨零

汽車業界推動汽車電動化的契機

圖3-19　　　**全球電動車銷售量變化**

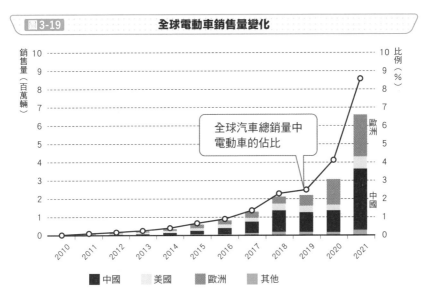

全球汽車總銷量中電動車的佔比

巴黎協定通過後自2016年到2021年的5年間，
銷售量增加了6倍以上

出處：IEA「Global Sales and Sales Market Share of Electric Cars, 2010-2021」

Point

- ∅ 環保意識的提升，讓大眾開始重視汽車的廢氣排放問題
- ∅ 汽車製造商不得不推動汽車的電動化
- ∅ 全球的電動車銷售量自2016年起急速增加

» 持續增加的電動車

中國車廠的崛起

2022年，中國的電動車銷量顯著增加。中國將**推動電動車增產**定為**國家戰略**。在國內市場，中國的電動車全年銷量從2016年到2021年這5年間增加了7倍以上，更對包含日本在內的其他國家出口了許多電動車。比如在日本，目前已有多間巴士業者向中國的比亞迪採購電動巴士，並投入營運（圖3-20）。

這主要是因為中國政府大力推動電動車普及，降低了電動車價格並建立補助制度，充電設施也相當充實。同時，由於電動車不需要開發週期漫長的引擎，進入門檻比汽油車等內燃機汽車更低也是原因之一。

日本已經慢人一步了嗎？

在此之前，日本在電動車的量產化道路上一直領先全球。然而，**日本市場的電動車全年總銷量在過去5年間（2017～2021年）卻幾乎沒有增長**（圖3-21）。同時，在日本總汽車銷量中，電動車的比例也只佔了3%左右。

背後的主要原因，一般認為是因為日本的充電設施建設進度緩慢、政府對電動車普及的援助力道不足。

另一方面，由於混合動力車在日本已相當普及，因此很多人對電動車興趣缺缺。電動車不僅價格昂貴，續航里程也不及汽油車和混合動力車，普遍給人一種不太方便的印象。若不改變這個狀況，電動車恐怕很難在日本市場普及。

圖 3-20 已在日本上路的比亞迪電動巴士（岩手縣交通）

中國車廠已向日本多間巴士業者出口電動巴士
（照片：ｙａｍａｈｉｄｅ／PIXTA）

圖 3-21 日本的電動車年銷量變化

- 日本的電動車銷量在過去5年間沒有太大增長
- 電動車佔汽車總銷量的比例只有3％左右

出處：基於一般社團法人 次世代汽車振興中心「EV等 銷量統計」
（URL：https://www.cev-pc.or.jp/tokei/hanbai3.html）製作

Point

- 在中國，推動電動車增產是國家戰略
- 在日本，電動車的普及速度落後中國和歐洲等地

動 手 試 看 看

思考電動車在中國和歐洲銷量增加的原因

　　如同在**3-9**提及的，近年全球的電動車銷量持續上升，尤其中國和歐洲的增長正在加速。

　　那麼，為什麼中國和歐洲的電動車銷量會快速增加呢？這裡讓我們來試著解答這個問題的答案。

　　直接說結論，其背後的答案很難用一兩句話說清楚。因為這是很多個原因以複雜的方式交錯在一起導致的。

　　其背後的主因，不只有**3-9**提到的巴黎協定之影響，以及推動中國汽車產業發展的國家戰略。其他還有歐洲急促的去碳化政策、製造鋰離子電池所需的鋰和鈷等稀有金屬礦藏集中分布在中國等少數國家的現實、2022年開始的俄烏戰爭導致天然氣供應中斷，大幅改變了歐洲能源環境等種種原因。

　　請你也試著收集資訊，列出諸如上述這樣的原因，想想看電動車為什麼愈來愈多吧。

電池與電源系統

～驅動車輛的能量來源～

第 **4** 章

» 什麼是電池？

電動化汽車與電池

電池是電動化汽車的電力來源，左右了電動化汽車的性能和安全性，是非常重要的零件。尤其對純電車來說，搭載的電池（動力電池）容量可說直接決定了續航里程。

本章，我們將詳細介紹電動化汽車的電池。

化學電池與物理電池

所謂的電池，就是將物質的化學反應或物理現象所釋放的能量轉換成電能的裝置。其中，利用化學反應放電的電池叫化學電池，利用物理現象放電的電池叫物理電池（圖4-1）。

我們一般常說的「電池」是指化學電池。另一方面，代表性的物理電池則有太陽能電池和雙電層電容器。

化學電池的種類

化學電池分為原電池、蓄電池以及燃料電池三大類（圖4-2）。

原電池透過不可逆的電化學反應放電，所以不能充電。代表性的例子有拋棄式乾電池，比如生活中常聽到的碳鋅電池、鹼性電池。

蓄電池透過可逆的電化學反應放電，所以可以充電。代表性的例子有可重複使用的乾電池，比如常見的鎳氫電池、智慧型手機和筆電用的鋰離子電池。

而燃料電池則是讓燃料跟空氣中的氧氣進行電化學反應來發電的發電裝置。只要持續供應燃料和氧氣，就能持續產生電能。

圖4-1	電池的主要種類

※黑底白字的部分為車用電池

電池

- 化學電池
  - 原電池
    - 碳鋅電池
    - 鹼性電池
    - 羥基氧化鎳電池
    - 鋰電池
    - 鹼性鈕扣電池
    - 氧化銀電池
    - 鋅空氣電池
  - 蓄電池
    - 鎳鎘電池
    - 鎳氫電池
    - 鋰離子電池
    - 小型閥控式鉛酸電池
    - 鉛蓄電池
    - 可充電鹼性電池
  - 燃料電池
- 物理電池
  - 太陽能電池
  - 雙電層電容器

圖4-2	各種化學電池的構造

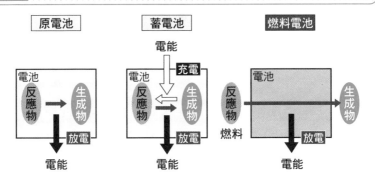

原電池　　　蓄電池　　　燃料電池

- 蓄電池的反應物→生成物的電化學反應是可逆的，所以只要充電就能再次使用
- 燃料電池只要持續提供反應物（燃料與氧）就能持續發電

Point

- 電池分為化學電池和物理電池
- 化學電池又分為原電池、蓄電池、燃料電池
- 燃料電池是讓燃料跟氧氣進行電化學反應來發電的發電裝置

》 電動化汽車需要的電池

對電動化汽車至關重要的車用電池

汽車上搭載的電池俗稱車用電池。相對地,固定放置在建築物內部等的電池則稱為定置型電池。

車用電池的研發難度很高。這是因為車用電池**要滿足的條件比定置型電池更多**(圖4-3)。

安裝在電動車上的車用電池,不是只要容量夠大、續航里程夠長就好。車用電池必須要能承受汽車行駛時的震動和衝撞,以及室外的氣溫與濕度變化,兼顧安全性和使用壽命,而且也不能輕易就出現故障。

在開發一般市售的電動化汽車時,必須設法降低車輛的價格和重量,因此車用電池通常會追求低成本和輕量化。再加上乘用車上可放置機器的空間非常受限,所以也得追求小型化。同時從長遠的角度來看,還必須考慮電池材料的取得難易度,以及汽車報廢時電池的可回收性。

因此,**能否開發出滿足上述條件的車用電池,乃是開發高性能電動化汽車時的一大關鍵。**

引進大容量蓄電池與燃料電池的難點

汽車引進容量比鉛蓄電池更大的蓄電池或燃料電池的速度十分緩慢。一般市售的量產乘用車最早在1997年才首次搭載鎳氫電池,而鋰離子電池要到2009年,燃料電池則是2015年才引進(圖4-4)。這些電池引進汽車的速度之所以這麼慢,便是因為要滿足上面介紹的種種條件的技術門檻很高,必須花費很長的開發時間才能克服那些難題。

圖4-3 車用電池需滿足的主要條件

- ► 可承受震動、衝撞，以及氣溫和濕度的變化
- ► 安全且壽命長，不易故障
- ► 成本低且輕量化、小型化
- ► 電池材料易於取得
- ► 電池零件易於回收

圖4-4 各種電池引進一般市售之量產乘用車的時間

電池種類	世界最先量產的企業	首次引進乘用車的年份	最先引進的乘用車
鎳氫電池	松下電池工業・三洋電機	1997年	豐田 「PRIUS」
鋰離子電池	索尼能源設備	2009年	三菱 「i-MiEV」
燃料電池（固體高分子型燃料電池）	—	2015年	豐田 「Mirai」

Point

- ⁄ 車用電池所需的條件比定置型電池更多，開發更難
- ⁄ 開發可滿足眾多條件的車用電池，乃是電動車開發的關鍵
- ⁄ 在過去，將大容量的蓄電池和燃料電池當成車用電池相當困難

» 動力電池和輔助電池

電動化汽車使用的蓄電池

電動化汽車使用的車用電池，分為動力電池和輔助電池。

動力電池是**用來驅動電動化汽車的蓄電池，並透過動力控制單元為馬達提供電力**（圖4-5）。同時，電動化汽車會利用再生煞車取得的再生電力替動力電池充電。

另一方面，輔助電池是為輔助裝置（電裝品）供電的蓄電池（圖4-6）。這裡說的電裝品包含了負責發動引擎的啟動馬達、車頭燈等車燈、電動車窗、雨刷、車用音響、車用導航、空調等等。雖然它的功能跟汽油車的電瓶一樣，但為了跟電動化汽車上的動力電池做區分，所以習慣上稱為輔助電池。

動力電池和輔助電池所需的性能

動力電池和輔助電池扮演的角色不同，所以需要的性能也不一樣。

動力電池是驅動電動化汽車的重要電力來源，因此為了增加續航里程，通常需要很大的電池容量。現在的動力電池大多使用容量可以做到很大的鎳氫電池或鋰離子電池，但在這2種電池技術尚未實用化的時代，一般使用鉛蓄電池。

而輔助電池不像動力電池那樣需要那麼高的容量，所以現在依然大多使用鉛蓄電池。因為鉛蓄電池已在汽油車上使用了非常多年，安全性和可靠性都很高，而且十分便宜。

圖4-5　　　　　**動力電池的功能**

動力電池　　　動力控制單元　　　馬達　　　　　車輪

透過動力控制單元
為馬達提供電力

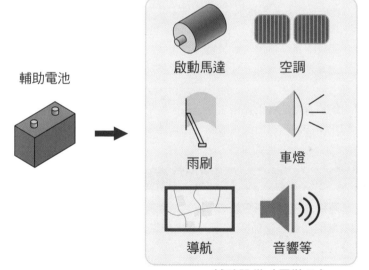

圖4-6　　　　　　**輔助電池的功能**

輔助電池

啟動馬達　　　空調

雨刷　　　　　車燈

導航　　　　　音響等

輔助設備（電裝品）

為空調等輔助設備（電裝品）
提供電力

Point

✎ 電動化汽車的蓄電池分為動力電池和輔助電池
✎ 動力電池是驅動汽車馬達的電力來源
✎ 輔助電池是輔助裝置（電裝品）的電力來源

》車用電池的種類①
蓄電池的始祖──鉛蓄電池

歷史悠久的蓄電池

　　鉛蓄電池作為可充電也可放電的蓄電池，早在1859年就在法國誕生，是一種**歷史悠久的蓄電池。**

　　它的主要優點是技術成熟、可靠度高以及成本低廉。另一方面，它的主要缺點則是重量很重、能量密度低，並且其成分使用了有毒的鉛和劇毒的硫酸。

　　鉛蓄電池的基本構造是電解液（稀硫酸：H_2SO_4）和泡在其中的正極（二氧化鉛：PbO_2）和負極（鉛：Pb）（圖4-7）。放電時，兩邊的電極都會析出硫酸鉛（$PbSO_4$），而充電時則發生相反的化學反應。換言之，這個電化學反應是可逆的，故可重複充電和放電。但要延長電池壽命的話，就必須防止電池在正常的充放電過後，仍持續進行充電或放電（過度充電・過度放電）。

　　實際的鉛蓄電池在正負極之間還有一片俗稱隔離膜，可允許離子通過的隔板，防止兩邊的電極透過硫酸鉛發生短路（圖4-8）。

鉛蓄電池也曾被當成動力電池

　　鉛蓄電池長久以來都被當成汽車的輔助電池使用。尤其在汽油車上，負責發動引擎的啟動馬達需要100～400A的電流才能轉動，對於電池的輸出功率十分要求。

　　另外，**初期的電動車也曾使用鉛蓄電池當動力電池。**畢竟當時能裝在汽車上且實用化的蓄電池就只有鉛蓄電池。比如**3-4**介紹的「多摩電動車」，它的車體地板下就裝有鉛蓄電池。

圖4-7　鉛蓄電池的原理

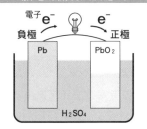

放電的機制與反應式

電子 e^-　　e^-
負極　　　　　正極
Pb　　PbO$_2$
H$_2$SO$_4$

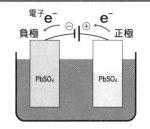

充電的機制與反應式

電子 e^-　　e^-
負極 ⊖ ⊕ 正極
PbSO$_4$　　PbSO$_4$

負極　$Pb + SO_4{}^{2-} \longrightarrow PbSO_4 + 2e^-$

正極　$PbO_2 + 2e^- + SO_4{}^{2-} + 4H^+$
$\longrightarrow PbSO_4 + 2H_2O$

負極　$PbSO_4 + 2e^- \longrightarrow Pb + SO_4{}^{2-}$

正極　$PbSO_4 + 2H_2O$
$\longrightarrow PbO_2 + 2e^- + SO_4{}^{2-} + 4H^+$

放電時，正極和負極會產生硫酸鉛（PbSO$_4$）

圖4-8　鉛蓄電池的構造

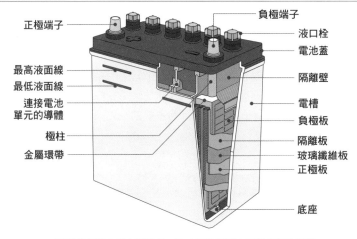

正極端子　　　　　　　　負極端子
　　　　　　　　　　　　液口栓
　　　　　　　　　　　　電池蓋
最高液面線　　　　　　　隔離壁
最低液面線
連接電池　　　　　　　　電槽
單元的導體　　　　　　　負極板
極柱　　　　　　　　　　隔離板
金屬環帶　　　　　　　　玻璃纖維板
　　　　　　　　　　　　正極板
　　　　　　　　　　　　底座

正極與負極之間有隔離板，防止正負極經由硫酸鉛發生短路

Point

⊘ 鉛蓄電池是歷史悠久的蓄電池

⊘ 鉛蓄電池長久以來被當成汽車的輔助電池

⊘ 初期電動車的動力電池也是鉛蓄電池

》車用電池的種類②
能量密度高的鎳氫電池

常見的「可重複使用乾電池」

鎳氫電池是1990年由日本松下電池工業和三洋電氣（現Panasonic）首次實現量產的蓄電池。這種電池公稱電壓為1.2V，跟碳鋅電池的公稱電壓（1.5V）相近，因此被當成「**可重複使用的乾電池**」，最初被用在家用電話的子機上。因為它的英文叫Nickel Metal Hydride，所以也可簡寫為Ni-MH。

鎳氫電池的構造由電解液（濃氫氧化鉀溶液）和泡在其中的正極（羥基氧化鎳：NiOOH）和負極（儲氫合金：MH）組成（圖4-9）。放電時，正極的羥基氧化鎳會變成氫氧化鎳，負極的儲氫合金則釋出氫離子變成金屬。另外，當過度充電時，正極會釋出氧氣，負極會釋出氫氣，導致電池內部的壓力上升，因此正極通常設有排氣用的安全閥（圖4-10）。同時，過度放電的話則會減損電池的壽命。

這種電池的主要優點是能量密度比鉛蓄電池更高**更容易小型化、輕量化、大容量化**，加上電解液是水溶液，因此比較不會像鋰離子電池那樣起火燃燒，同時價格也比鋰離子電池便宜。而主要的缺點則是價格比鉛蓄電池昂貴。

被混合動力車使用

混合動力車的動力電池大多使用鎳氫電池。比如1997年由豐田販售的世界第一款量產型混合動力乘用車「PRIUS」，從上市至今到現在超過25年，一直都使用鎳氫電池。不過，現在也有混合動力車改用鋰離子電池。

圖4-9　　　　　　鎳氫電池的原理

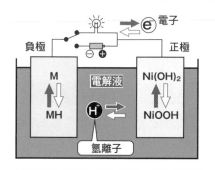

整體	MH+NiOOH ⇄ M+Ni(OH)₂

正極　NiOOH+H₂O+e⁻ ⇄ Ni(OH)₂+OH⁻

負極　　　MH+OH⁻ ⇄ M+H₂O+e⁻

- ●氫離子在正極和負極間移動
- ●負極使用儲氫合金

圖例：
➡ 放電
⇐ 充電

MH　儲氫合金
NiOOH　羥基氧化鎳
Ni(OH)₂　氫氧化鎳

圖4-10　　　　　鎳氫電池的構造（圓柱形）

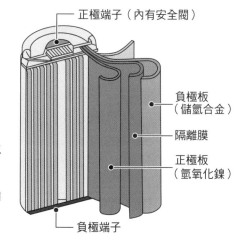

正極端子（內有安全閥）

負極板（儲氫合金）

隔離膜

正極板（氫氧化鎳）

負極端子

- ●正極與負極之間夾有氫離子可通過的隔離膜，防止正負極短路
- ●正極端子設有釋放氣體的安全閥

出處：基於福田京平《原理圖解系列 深入認識電池的一切》（暫譯，技術評論社）製作

Point

- ∥鎳氫電池被當成「可重複使用的乾電池」來使用
- ∥鎳氫電池比鉛蓄電池更容易小型化、輕量化和大容量化
- ∥鎳氫電池被用於大多數的混合動力車上

» 車用電池的種類③ 實現大電池容量的鋰離子電池

可實現小型化和輕量化的蓄電池

鋰離子電池是1991年由日本的索尼能源設備公司首次實現量產的蓄電池。因為英文是Lithium-Ion Battery，所以也可以縮寫成LIB。

其主要優點在於相較於鎳氫電池，**鋰離子電池的能量密度更高，更易於小型化、輕量化和大容量化**。能量密度高，是因為它的每個電池單元公稱電壓高達3.7V，比鉛蓄電池（2.0V）和鎳氫電池（1.2V）高得多。因此不只是電動車，鋰離子電池也被廣泛用於智慧型手機和筆記型電腦等移動裝置上。

另一方面，這種電池的主要缺點是價格比鎳氫電池昂貴。這是因為製造鋰離子電池不只需要使用昂貴的原料，而且安全管理成本也比較高。

比起其他種類的蓄電池，鋰離子電池需要更嚴格的安全措施。因為鋰離子電池在過度充電時，電解液（有機溶劑）會因為發熱而起火，又或者因為內部壓力上升而破裂。為了避免這些狀況，鋰離子電池除了必須搭配管理電池狀態的系統，還設有當異常發生時能夠將內部氣體安全釋放到外面的安全閥。

鋰離子會移動

鋰離子電池的構造由電解液（有機溶劑）和浸泡在其中的正負極組成，在充電和放電時，鋰離子會在正負極之間移動（圖4-11）。鋰離子電池的正極和負極都是層狀構造，可讓鋰離子出入。實際的鋰離子電池在正極和負極之間還有隔離膜，防止兩邊的電極因接觸而導致短路（圖4-12）。

圖4-11　　　　　　　　　　　　　　　**鋰離子電池的原理**

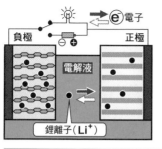

➡️ 放電
⬅️ 充電

正極　**LiCoO₂** 氧化鈷鋰
負極　**C** 石墨（碳）

整體	$Li_{1-x}CoO_2 + Li_xC \rightleftarrows LiCoO_2 + C$

正極　$Li_{1-x}CoO_2 + xLi^+ + xe^- \rightleftarrows LiCoO_2$

負極　　　　　　　$Li_xC \rightleftarrows C + xLi^+ + xe^-$

● 鋰離子在正極與負極之間移動
● 電解液使用可燃的有機溶劑

圖4-12　　　　　　　　　　　　　　**鋰離子電池的構造（圓柱形）**

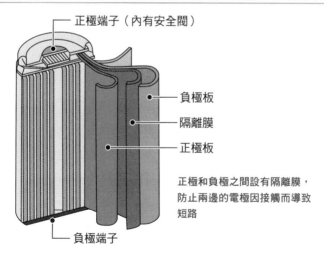

正極端子（內有安全閥）

負極板

隔離膜

正極板

正極和負極之間設有隔離膜，
防止兩邊的電極因接觸而導致
短路

負極端子

出處：基於福田京平《原理圖解系列 深入認識電池的一切》（暫譯，技術評論社）製作

Point

🖊 鋰離子電池是能量密度很高的蓄電池
🖊 鋰離子電池易於小型化、輕量化和大容量化，故被用於電動車上
🖊 為防止鋰離子電池起火和破裂，必須搭配嚴格的安全對策

» 車用電池的種類④
靠燃料發電的燃料電池

消耗燃料的發電裝置

　　燃料電池是一種發電裝置，依靠燃料的氫和空氣中的氧發生電化學反應生成水來發電。換言之，**燃料電池是透過跟水的電解相反的電化學反應來產生電力的裝置**。同時，因為此反應只會生成對環境無害的純水，是不會造成環境汙染的發電裝置，所以近年逐漸受到關注。

固體高分子型燃料電池構造和運作原理

　　燃料電池種類繁多，構造和運作溫度也各有差異，其中被稱為固體高分子型燃料電池（PEFC）的燃料電池一般**被當成車用電池使用**（圖4-13）。這種燃料電池的構造很簡單，特徵是體積小、重量輕，而且可以在100℃以下的低溫工作，故很適合當成對電池容量和重量有嚴格要求的車用電池使用。（※譯註：因許多燃料電池的工作溫度都在攝氏150～800℃之間，因此可在100℃以下溫度工作的燃料電池又稱「低溫型燃料電池」。）

　　固體高分子型燃料電池是由多個電芯重疊固定成一個電池堆。電芯是由2片隔離板和夾在其中的膜電極組（MEA）構成，隔離板分別可允許氫氣和氧氣通過（圖4-14）。

　　膜電極組是由碳材料製的2種電極（燃料極、空氣極）、固體高分子膜以及催化劑層壓合而成。固體高分子膜是一片高分子製的薄膠片，具有沾濕時可允許氫離子通過的性質。而催化劑層使用了在碳顆粒上嵌入鉑粒的碳載鉑，用以減少鉑催化劑的使用量。

　　由於固體高分子型燃料電池使用到了固體高分子膜和碳載鉑等昂貴的零件，因此當前**最大的課題是如何降低成本**。

圖4-13　　　　　　固體高分子型燃料電池的構造

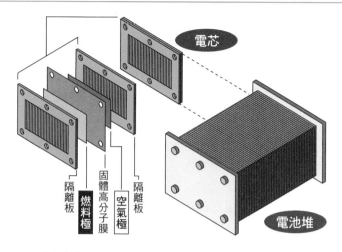

電芯

隔離板
燃料極
固體高分子膜
空氣極
隔離板

電池堆

多個負責發電的電芯堆疊在一起就稱為電池堆

圖4-14　　　　　　　　　　　發電原理

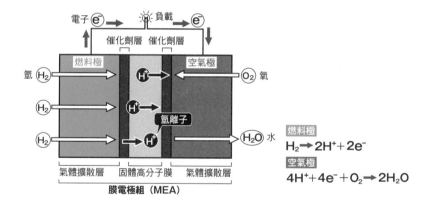

電子 e^-　負載　e^-

催化劑層　催化劑層

燃料極　　　　　　　　空氣極

氫 H_2　　　　H^+　　　O_2 氧

H_2　　　H^+

氫離子

H_2　　　H^+　　　　H_2O 水

氣體擴散層　固體高分子膜　氣體擴散層

膜電極組（MEA）

燃料極
$$H_2 \rightarrow 2H^+ + 2e^-$$

空氣極
$$4H^+ + 4e^- + O_2 \rightarrow 2H_2O$$

供應到燃料極的氫會在催化劑層變成氫離子，然後通過固體高分子膜，
跟空氣中的氧發生電化學反應生成水

Point

🖉 燃料電池是靠電化學反應發電的發電裝置
🖉 車用電池使用的是固體高分子型燃料電池
🖉 固體高分子型燃料電池的最大課題是如何降低成本

車用電池的種類⑤
靠陽光發電的太陽能電池

用陽光發電

太陽能電池屬於物理電池的一種，是**可將陽光中的光能轉換成電能的發電裝置**。它發電的原理利用了半導體照到光時會發生電動勢的現象（光電效應）（圖4-15）。將多個太陽能電池塞入一片面板，就是我們常聽到的太陽能板。

太陽能電池作為不使用化石燃料之安全、清潔的發電裝置，自2011年起在日本開始被廣泛使用。因為該年發生了東京電力福島第一核電廠的事故，讓可再生能源開始受到社會大眾關注。

然而太陽能電池有幾個缺點：首先是太陽能電池的某些零件很昂貴，導致成本不易降低，其次是太陽能電池無法在沒有陽光的夜晚發電，而且發電能力非常容易受到天候影響，以及每單位面積的發電量很小等等。

搭載太陽能板的電動車

以太陽能電池作為電源的電動車，一般又叫太陽能車（圖4-16）。太陽能車的開發始於1950年代，並從1980年代起開始舉辦比拼太陽能車技術的太陽能車賽。

現在，搭載太陽能板的量產型汽車也已在一般通路上市。其中的代表例，包含2016年上市的豐田插電式混合動力車「PRIUS PHV」、2022年上市的豐田電動車「bZ4X」（圖4-16）。這2款車除了搭載普通的充電式動力電池，車頂還裝有太陽能板當成輔助電源，增加充電的機會，藉以延長續航里程。

圖 4-15 .... 太陽能電池的發電原理（光電效應）

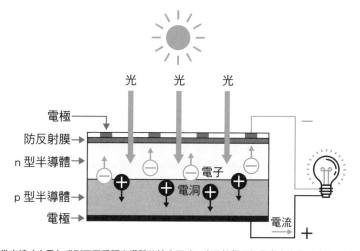

● 當光線（光子）碰到不同種類半導體的接合面時，光子撞擊的能量會產生電子（帶負電荷的粒子）和電洞（帶正電荷的粒子），而這兩者的移動會產生電流

● 這個現象稱為光電效應，太陽能電池就是利用這個原理發電

圖 4-16 .... 豐田的電動車「bZ4X」

車頂搭載了太陽能板
（照片提供：豐田汽車）

Point

🖉 太陽能電池是可將光能轉換成電能的發電裝置

🖉 搭載太陽能電池的電動車俗稱太陽能車

🖉 搭載太陽能電池當輔助電源的汽車已可在一般通路買到

第 **4** 章

車用電池的種類⑤ 靠陽光發電的太陽能電池

» 車用電池的種類⑥ 電能出入很快的雙電層電容器

可在短時間內充放電

雙電層電容器屬於物理電池的一種，**是可以讓電能快速進出的蓄電裝置**。它的本質是一種利用後述的雙電層物理現象來顯著提升蓄電量的電容器，別名又稱為「超級電容器（supercapacitor或ultracapacitor）」。

它最大的特點是壽命很長，可循環充放電10萬～100萬次。同時，由於內部電阻很小，故可在短時間內快速放電，輸出功率將近鋰離子電池的5倍。然而，它的缺點是能量密度比化學蓄電池低。

雙電層電容器的構造由電解液和泡在其中的金屬正負極組成，使用外部電源施加電壓時，電解液中的離子會聚集到電極周圍，形成層狀的電容器（圖4-17）。這個層就叫雙電層，而電能便儲存在這裡。

簡易版混合動力車搭載的雙電層電容器

在第2章介紹的混合動力車中，有種只引進了部分混合動力車技術的「簡易版本」。這類簡易版混合動力車**改把再生煞車回收的電力儲存在雙電層電容器中，不使用鎳氫電池等價格昂貴的蓄電池來提高能量效率，成功在不使用電池的情況下降低了油耗**。

世界第一輛引進此系統的乘用車，是馬自達在2012年推出的第三代「Atenza」（圖4-18）。「Atenza」搭載了率先採用雙電層電容器的減速能量再生系統，並將其命名為「i-ELOOP」，現已搭載於馬自達多款車型上。

圖4-17　雙電層電容器的原理

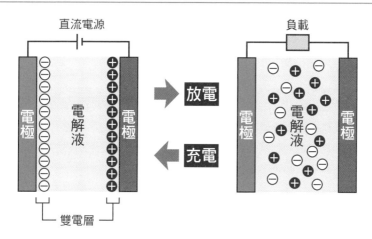

施加直流電壓後，電解液的離子被電極吸附，形成雙電層，儲存電力

圖4-18　馬自達的第三代「Atenza」

此車款搭載了使用雙電層電容器的
減速能量再生系統「i-ELOOP」

（照片提供：馬自達汽車）

Point

🖉 雙電層電容器是可以快速充放電的蓄電裝置
🖉 雙電層電容器利用了名為雙電層的物理現象
🖉 部分乘用車已採用雙電層電容器來儲存再生煞車的電力

≫ 保護電池安全的電池管理系統

確保蓄電池的安全

要**安全且有效率地使用**鎳氫電池或鋰離子電池，就不能沒有電池管理系統。這是因為蓄電池雖然能量密度和便捷性很高，但使用錯誤的話不只壽命會縮短，還會發生起火、冒煙、破裂等問題的風險。

電池管理系統會管理蓄電池的電流、電壓、溫度、殘餘電量等資料，防止電池過度充電、過度放電、電流過大、發熱等，確保電壓的平均和電池的壽命（圖4-19）。

延長電池壽命的技巧

電動化汽車在行駛時會不斷加速和減速，因此動力電池也會頻繁地充放電。與此同時，目前常用來當動力電池的鎳氫電池和鋰離子電池在經過大約500次充放電循環後，電池容量就會減少大約60%，無法再繼續使用。

為什麼電動化汽車的動力電池可以重複充放電超過500次呢？這是因為電池管理系統會根據電池的使用狀況和溫度，確保動力電池的充電率保持在合適的範圍內（圖4-20）。換言之，電池管理系統會依據環境條件設定安全的上限值和下限值，使充電率在該範圍內平穩地變化，延長動力電池的壽命。

因此，對搭載鎳氫電池或鋰離子電池的電動化汽車而言，電池管理系統扮演非常重要的角色，是**電動化汽車實用化的一大關鍵**。

| 圖4-19 | **電池管理系統的功能** |

❶ 防止電芯過度充電、過度放電

❷ 防止通過電芯的電流過大

❸ 管理電芯的溫度

❹ 計算電池的剩餘電量（SOC）

❺ 平均化電芯電壓

| 圖4-20 | **電池管理的例子** |

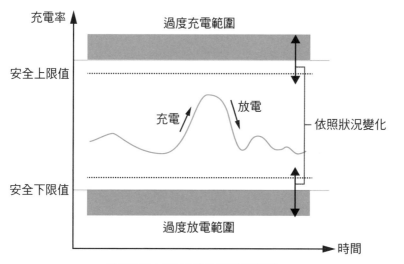

按條件設定控制上限值與控制下限值，
將充電率保持在此範圍內，延長電池壽命

Point

✐ 電池管理系統可保護蓄電池的安全與效率

✐ 這套系統的目的是確保充電率在合適範圍內，延長電池壽命

✐ 這套系統是電動化汽車實用化的一大關鍵

動手試試看

檢查智慧型手機的充電狀況

4-10介紹的電池管理系統，對大多數人來說應該是個很陌生的名詞。然而，其實在我們每天使用的電器中，很多東西都裝有這套系統。最代表性的例子就是智慧型手機。

智慧型手機的電力來源是鋰離子電池，跟電動化汽車一樣都擁有電池管理系統，透過各種設計巧思來提高鋰離子電池的安全性，以及延長電池壽命。

這點可以從手機的電量管理畫面印證。比如在iPhone上，你可以在〔設定〕＞〔電池〕的頁面查看電池電量的變化。其中顯示的「0%」和「100%」並不是電池真正的充電率，而是電池可以安全使用的上限值和下限值。換言之，你的手機會替你管理電池的充電率，避免發生過度充電或過度放電的情形，提高鋰離子電池的安全性，並延長電池壽命。

而在電動化汽車上，許多車款並沒有這種電池電量的管理畫面，但它們也跟智慧型手機一樣內建了電池管理系統。

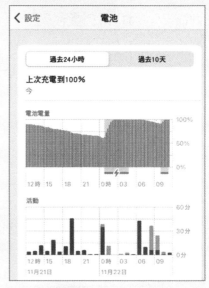

iPhone的電池管理畫面
除了電池的電量變化外，還能看到耗電的時間段（活動）

電動車的動力源：馬達

～馬達的種類與構造～

什麼是馬達？

馬達靠磁鐵的力量轉動

所謂的馬達（motor，又叫電動機），是一種可將電能轉換成動能的原動機。絕大多數的馬達都是利用電荷在磁場中所受的力（勞倫茲力）來轉動的旋轉型馬達。

本書將會略過電動化汽車不會採用的直線運動型的線性馬達、利用超音波震動的超音波馬達，而只介紹旋轉型馬達，故書中提到的「馬達」全都是指旋轉型馬達。

接下來，我們將使用直流馬達中的模型用馬達來介紹馬達轉動的原理（圖5-1）。模型用馬達內有定子（stator，即不轉動的部分）與轉子（rotor，即會轉動的部分），定子上裝有永久磁鐵，轉子則裝有電磁鐵（電樞）。對2條導線通以直流電壓，電流會透過電刷和整流子流過電樞的線圈，繼而產生磁場，**使轉子在永久磁鐵產生的磁場內因為磁鐵間的吸力和斥力而轉動**（圖5-2）。其中，電刷和整流子的功用是負責切換電樞的磁極。

轉動時不會排放噪音和廢氣

馬達比引擎更容易保養和維護。因為引擎的機油和風扇皮帶都是消耗品，必須定期檢查和更換。相反地，馬達除了會不斷摩擦的整流子和電刷外，幾乎沒有任何消耗品。此外，轉子轉動時，**相較於引擎較不會產生聲響和震動，也不會排出廢氣**。

不搭載引擎的電動車和燃料電池車之所以被視為對環境友善的環保車，跟馬達的這些性質有很大關係。

圖5-1 **直流馬達的模型用馬達構造**

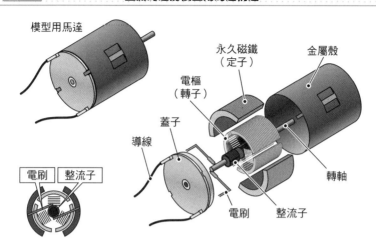

模型用馬達

永久磁鐵
（定子）

金屬殼

電樞
（轉子）

蓋子

導線

轉軸

電刷　整流子

電刷　整流子

- 定子裝有永久磁鐵，轉子裝有電磁鐵
- 整流子和電刷的功用是來回切換磁極

圖5-2 **磁鐵間的作用力**

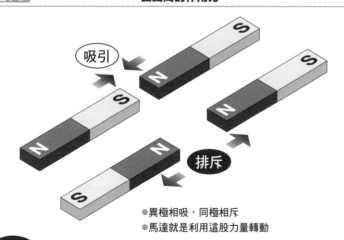

吸引

排斥

- 異極相吸，同極相斥
- 馬達就是利用這股力量轉動

Point

- 馬達利用磁鐵相吸、相斥的力來轉動
- 馬達比引擎更容易保養維護
- 馬達發出的噪音和震動很小，也不會排放廢氣

第 **5** 章

什麼是馬達？

≫ 電動車需要的馬達

要解決的問題還有很多

　　用於驅動電動化汽車的馬達（動力馬達）跟靜置的家電或工廠用的馬達相比，還有很多必須解決的問題。由於動力馬達必須搭載在汽車上，因此不僅在體積和重量方面會有所限制，還必須具備夠大的輸出功率，才能驅動汽車前進。同時，馬達也跟電池一樣，在行駛時會承受震動和衝擊，也會受到室外溫度與濕度變化的影響。換言之，**動力馬達必須能夠小型化、輕量化、高功率化，而且得堅固不易故障**。

　　尤其是在混合動力乘用車上，動力馬達更需要做得更小更輕。因為混合動力乘用車除了動力馬達和動力控制單元，還要安裝引擎及其相關機器，而這些零件都得塞入引擎蓋下的有限空間內，還不能超過重量限制的範圍（圖5-3）。

應對各種行駛模式

　　同時，電動化汽車的動力馬達還必須應對各種不同的行駛模式（圖5-4）。電動化汽車會以靜止到高速巡航速度等不同速度行駛，因此在行駛時動力馬達的轉速及負荷也會頻繁地改變。

　　電動化汽車的行駛模式主要有4種，且每種模式需要的動力馬達轉速和扭力都不一樣。比如在低轉速的低速圈，就分為在平地低速行駛，對扭力需求低的「市區行駛模式」，以及用來在山坡多的山岳地區行駛又或是牽引著其他車輛，對扭力需求高的「爬坡、牽引模式」。動力馬達必須同時滿足這2種模式。

圖 5-3　　　　　　　　　　乗用車的引擎室

汽油引擎

動力控制單元

動力馬達

車輪

輔助電池

因為搭載的機器很多，所以動力馬達必須又小又輕

（於汽車技術展 2016 的展示會場拍攝的豐田 PRIUS 的透視模式）

圖 5-4　　　　　　　　電動化汽車的動力馬達所需的特性

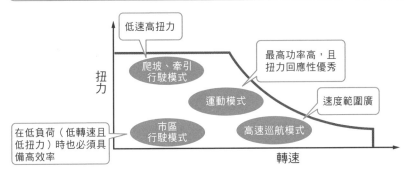

低速高扭力

最高功率高，且
扭力回應性優秀

扭
力

爬坡、牽引
行駛模式

運動模式

速度範圍廣

在低負荷（低轉速且
低扭力）時也必須具
備高效率

市區
行駛模式

高速巡航模式

轉速

必須能應對各種轉速，
依照條件發揮足夠的扭力（功率）

出處：基於廣田幸嗣、小笠原悟司編著，船渡寬人、三原輝儀、出口欣高、初田匡之
著《電動車工學 第一版》（暫譯，森北出版）的圖 4.1 製作

Point

⌗ 動力馬達必須兼顧堅耐用、小型、輕盈、高功率
⌗ 動力馬達必須能應對各種不同的行駛模式

第 **5** 章　電動車需要的馬達

» 認識馬達① 馬達與電的種類

直流電與交流電的差異

　　若用通過馬達的電流替馬達粗略分類，則可分成以直流電驅動的直流馬達，跟以交流電驅動的交流馬達2種。

　　直流電和交流電的最大差別，可以從**電壓的時間變化**來表示（圖5-5）。直流電的電壓穩定不變，不隨時間變化。另一方面，交流電的電壓會以一定的週期改變，曲線為正弦波。

　　交流電又分成單相電和三相電。單相電是可以用1條正弦波表示的交流電，由2條電線供應。另一方面，三相電則需要用3條相位相差120度的正弦波才能表示，由3條電線供應。

　　順帶一提，動力電池提供的電力跟乾電池一樣是直流電。另一方面，家用插座提供的電力是單相電。然而，發電廠送到變電所的電卻是三相電，之後才透過配電盤從三相電轉換成單相電。

馬達的種類

　　直流馬達與交流馬達各自又可依照結構分成好幾種（圖5-6）。

　　電動車使用的動力馬達也隨著時代演變而不斷改變種類。過去的電動車用的是有整流子的直流馬達，而現在用的是沒有整流子的交流馬達（同步馬達或感應馬達）。而相同的變化也發生在靠電力驅動的電車動力馬達（主電動機）上。

　　為什麼會有這樣的演變呢？後面就讓我們一邊介紹直流馬達和交流馬達的特徵，一邊尋找答案。

圖5-5 **直流電與交流電的電壓時間變化**

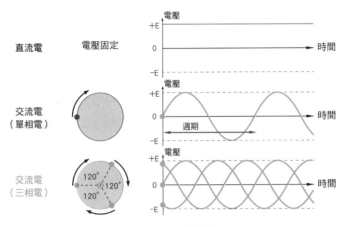

直流電　電壓固定

交流電
（單相電）

交流電
（三相電）

※ 單相電與三相電的右側曲線，代表了轉動時的點的軌跡

圖5-6　**直流馬達與交流馬達**

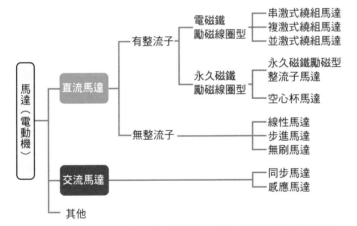

每種馬達的輸入電流種類與定子和轉子的構造都不相同

Point

∥ 馬達可粗分為直流馬達和交流馬達

∥ 直流電和交流電的電壓時間變化不同

∥ 直流馬達和交流馬達又各自可依結構分成好幾種

» 認識馬達② 容易控制的直流馬達

直流馬達的缺點

　　一般來說，直流馬達除了定子和轉子外，還擁有負責讓電流通過轉子電磁鐵（電樞）的整流子和電刷（圖5-7）。正確來說，其實也存在使用功率半導體取代整流子和電刷的無刷直流馬達，但本書暫且不談。

　　一般的直流馬達的運作原理，基本上就如同**5-1**介紹的模型用馬達。不過，也有些直流馬達的定子不是使用永久磁鐵，而改用電磁鐵（勵磁線圈）。

　　整流子和電刷的**功用是切換電樞的磁極**（圖5-8），所以轉動時很容易噴出電火花，導致電刷磨耗故障，於是**必須定期維護保養**。從這點來看，整流子和電刷可以說是直流馬達的缺點。

早期的電動車和電車使用這種馬達

　　由於直流馬達比交流馬達容易控制，所以早期的電動車採用直流馬達當成動力馬達。因為只要改變電流的大小，就能輕鬆改變直流馬達的轉速和輸出功率。在**3-2**介紹的第一波浪潮中問世的電動車，全部都使用直流馬達。

　　此外，電車也有很長一段時間使用直流馬達。近年日本製的電車都是用交流馬達驅動，但在1970年代引進交流馬達之前，所有的電車都是依靠直流馬達來驅動。此外，目前日本仍有一部分的鐵道路線保留了直流馬達驅動的電車。

圖5-7 　　　　　　　　　　　　　**直流馬達的構造**

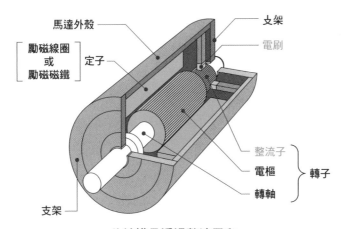

馬達外殼

支架

電刷

勵磁線圈
或
勵磁磁鐵

定子

整流子

電樞

轉軸

轉子

支架

此結構是透過整流子和
電刷的接觸來切換電樞的磁極

出處：基於赤津觀監修《史上最強彩色圖解 一本書了解最新馬達技術》（暫譯，Natsume社）的
　　　圖 B1-1-1 製作

圖5-8 　　　　　　　　　　　**電車使用的直流馬達（串激式繞組馬達）**

外殼上開有保養整流子和電刷用的孔洞，
可從外面看見內部的整流子（箭頭處）

Point

✏ 整流子和電刷的功用是切換電樞的磁極

✏ 整流子和電刷保養起來很麻煩

✏ 因為直流馬達容易控制，因此被早期的電動車和電車所採用

認識馬達③ 容易保養的交流馬達

使用旋轉磁場轉動轉子

交流馬達的原理是使用定子的勵磁線圈製造出旋轉的磁場（旋轉磁場），藉以轉動內側的轉子。由於轉子不需要直接供電，所以沒有整流子和電刷（圖5-9）。

旋轉磁場可以輕易使用三相電製造。只要讓大小和圈數相同的磁場以120度的間隔排列，再通以三相電，這3個線圈產生的磁場就會形成合成磁場，以固定速度（三相電的週期）轉動（圖5-10）。

現在電動化汽車所用的交流馬達（感應馬達、同步馬達）都是利用三相電產生旋轉磁場來轉動轉子。**由於沒有替轉子供電的整流子和電刷，所以保養相對容易，加上構造比直流馬達簡單，因此更容易小型化和輕量化**，這些都是交流馬達的優點。

交流馬達應用在電動化汽車上的背景

過去，使用交流馬達驅動電動車或電車其實非常困難。因為交流馬達比直流馬達更難控制，不易調整轉速和扭力。

而現在，電動車和電車的動力馬達大多使用交流馬達。這是因為隨著電力電子學技術的進步，人們得以連續地改變輸入交流馬達的三相電電壓與頻率，進而能夠控制轉速與扭力。

另外，關於交流馬達的控制，我們會在**6-4**詳細解說。

圖5-9 交流馬達的構造

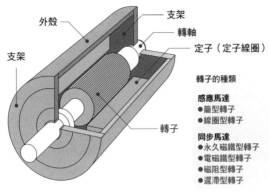

外殼
支架
轉軸
定子（定子線圈）
支架
轉子

轉子的種類

感應馬達
●籠型轉子
●線圈型轉子

同步馬達
●永久磁鐵型轉子
●電磁鐵型轉子
●磁阻型轉子
●遲滯型轉子

跟一般的直流馬達不同，因為沒有整流子和電刷，
所以保養更容易，也能做得更小更輕

出處：基於赤津觀監修《史上最強彩色圖解 一本書了解最新馬達技術》（暫譯，Natsume社）的
圖C1-1-1製作

圖5-10 三相電產生旋轉磁場的原理

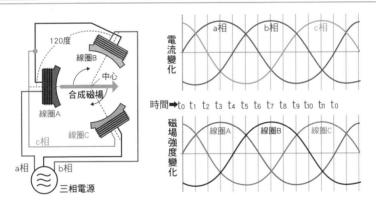

120度
線圈B
中心
合成磁場
線圈A
c相
線圈C
a相　b相
三相電源

電流變化　a相　b相　c相

時間➡t₀ t₁ t₂ t₃ t₄ t₅ t₆ t₇ t₈ t₉ t₁₀ t₁₁ t₀

磁場強度變化　線圈A　線圈B　線圈C

將線圈以120度間隔排列，再通以三相電，
各線圈產生的磁場就會形成合成磁場，以特定速度旋轉

出處：基於赤津觀監修《史上最強彩色圖解 一本書了解最新馬達技術》（暫譯，
Natsume社）的圖C1-2-1製作

Point

🖊 交流馬達會創造旋轉磁場來轉動轉子
🖊 因為沒有整流子和電刷，交流馬達更容易保養和小型化、輕量化
🖊 由於控制技術的發展，交流馬達得以運用在電動車上

第**5**章 認識馬達③ 容易保養的交流馬達

» 動力馬達① 電動車常用的感應馬達

轉子的轉動比旋轉磁場稍慢

本節將以感應馬達為例，介紹電車上常用的鼠籠式馬達的運動原理（圖5-11）。由於這種馬達的轉子長得就像鼠籠一樣，所以俗稱鼠籠式馬達。

鼠籠式馬達如前一節所述，當三相電通過定子的勵磁線圈時會產生旋轉磁場。這時轉子的導體會產生感應電流，發生與旋轉磁場相吸、相斥的力，因此轉子的**轉速會比旋轉磁場稍微慢一點**。此時產生的轉速差稱為「滑差」。

鼠籠式馬達的優點和缺點

鼠籠式馬達有優點也有缺點。其主要的優點是它屬於交流馬達，沒有整流子和電刷（圖5-12），因此保養容易，結構比直流馬達簡單而堅固，可靠性與經濟性更優秀，同時又不像下一節將介紹的永磁同步馬達一樣需要使用含有稀有金屬的昂貴永久磁鐵。至於主要的缺點，則是效率不如永磁同步馬達，以及小型化和輕量化的難度稍高。

已被部分電動車採用

多數電動車的動力馬達都採用永磁同步馬達。不過，在美國特斯拉公司開發的電動車中，也有部分採用鼠籠式馬達的例子。

圖 5-11　　　　　　　　　　**感應馬達的原理**

(a) 原理

導體

(b) 基本構造

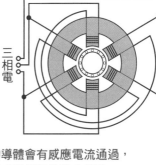

三相電

當外側的磁鐵轉動時，
內側的導體會產生感應電流，
繼而產生磁極而旋轉

定子產生旋轉磁場後，轉子的導體會有感應電流通過，
繼而發生磁極，用比外側磁鐵稍慢的速度轉動

圖 5-12　　　　　　　**電車使用的鼠籠式馬達的切面模型**

因為沒有整流子和電刷，故可以小型化，且保養容易

Point

🖋 感應馬達的轉子轉速稍微慢於旋轉磁場

🖋 感應馬達沒有整流子和電刷，更容易保養

» 動力馬達②
汽車常用的同步馬達

轉子轉速跟旋轉磁場相同

同步馬達跟感應馬達一樣屬於交流馬達的一種（圖5-13）。然而，同步馬達的**轉子轉速跟旋轉磁場相同**，這是同步馬達跟感應馬達的根本性差異。

電動車（與電動化汽車）的動力馬達，大多採用同步馬達中的永磁同步馬達（圖5-14）。這是一種轉子中裝有永久磁鐵的馬達，它比前述的鼠籠式馬達更容易小型化和輕量化，因此常用於空間與重量限制比電車更嚴格的電動化汽車中。

釹磁鐵的問題

永磁同步馬達同樣有優點也有缺點。其主要優點，是效率比鼠籠式馬達更高，容易小型化和輕量化，更適合作為電動化汽車的動力馬達。而主要的缺點，是它必須使用到釹磁鐵等昂貴的永久磁鐵，成本難以降低等等。

這裡介紹的釹磁鐵，是永磁同步馬達常用的代表性永久磁鐵，其特長是可以產生非常強力的磁場。然而，釹金屬在地球上集中分布於中國等少數國家，是一種稀有金屬（minor metal），**存在產量容易因生產國的政經局勢波動的風險**。

因此，現在為了可以穩定地生產永磁同步馬達，各車廠都在研發可以取代釹磁鐵，稀有金屬用量較少的永久磁鐵。

圖5-13 同步馬達的原理

(a) 原理

當外側的磁鐵旋轉時，
內側的磁鐵也會以相同速度轉動

(b) 基本構造

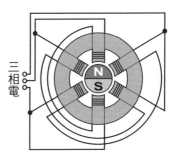

三相電

轉子的轉速跟旋轉磁場相同

圖5-14 永磁同步馬達的構造（示意圖）

電磁鐵（定子）

永久磁鐵（轉子）

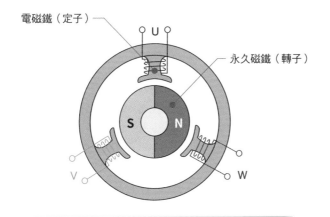

| U：U相線圈 | V：V相線圈 | W：W相線圈 |

第5章 動力馬達② 汽車常用的同步馬達

Point

🖉 同步馬達的轉子轉速跟旋轉磁場相同
🖉 電動車（電動化汽車）多使用永磁同步馬達
🖉 釹磁鐵的原料含有釹金屬等稀有金屬，存在供應量較容易波動的風險

動力馬達③
直接轉動車輪的輪轂馬達

藏在車輪中的馬達

至此,我們介紹了馬達轉動的原理和構造,以及馬達的種類。而在本章最後,我們要介紹的是未來或許會為電動化汽車帶來更多可能性的輪轂馬達。

輪轂馬達,如同在**3-2**介紹過的,是**可以安裝在車輪內側的馬達**(圖5-15)。馬達的動力會直接或間接透過齒輪傳遞給車輪。

電動化汽車使用輪轂馬達的優點主要有4個(圖5-16)。除了這4個優點外,在傳統的汽油車上,必須安裝能抵銷左右車輪轉速差的差速器(差速齒輪)。但使用輪轂馬達的話,便能個別調整4個車輪的轉速和扭力,不需要設置差速器和傳動軸(將動力傳給車輪的推進軸),**實現過去無法實現的行駛方式**。

輪轂馬達的問題

但是,替汽車安裝輪轂馬達,也會**引發許多不同的難題**。

其中最主要的例子,包含車輪內部的空間有限,導致輪轂馬達的輸出功率很難提高;以及必須直接承受來自車輪的衝擊與震動,因此結構必須非常堅固;而且車輪的重量增加,也會使得車子的簧下質量(懸吊器到車輪所有零件的總重量)增加,讓傳送到車體的震動和衝擊變大,降低乘坐的舒適度。

目前汽車製造商和電機製造商都在努力研究如何解決上述問題。

圖 5-15　　　　輪轂馬達一例

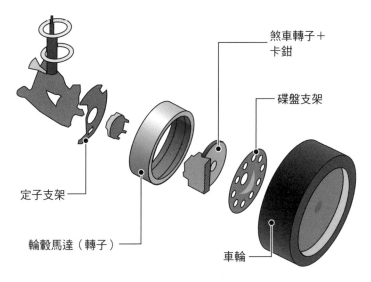

煞車轉子＋
卡鉗

碟盤支架

定子支架

輪轂馬達（轉子）

車輪

馬達的零件收納在車輪內側

出處：基於三菱汽車新聞稿「三菱汽車在『四國EV拉力賽2005』中推出四輪皆搭載新型輪轂馬達的實驗車『Lancer Evolution MIEV』」（URL：https://www.mitsubishi-motors.com/jp/corporate/pressrelease/corporate/detail1321.html）製作

圖 5-16　　　　採用輪轂馬達的4個好處

❶ 提高設計自由度

❷ 提高動力傳遞效率

❸ 更容易增加驅動輪

❹ 增加車輪的轉舵角度（轉舵角）

Point

🖋 輪轂馬達是安裝在車輪內的馬達
🖋 使用輪轂馬達，可提高汽車設計的自由度
🖋 輪轂馬達還有許多待克服的問題

動手試試看

查一下家電產品上使用的逆變器是什麼吧

過去有段時間，日本家電的電視廣告上常常能聽到「逆變器」這個詞。因為當時日本的洗衣機、冰箱、冷氣等使用馬達運轉的家電剛開始大量引進逆變器，因此逆變器成為這些新家電的一大宣傳賣點。

在家電產品引進逆變器之前，要平滑地控制交流馬達是一件很困難的事，只能把馬達的轉速分成數個固定段落來切換。比如電風扇和吹風機等家電，除了一部分的機種外，直到現在依然沿用了使用實體開關來階段性地切換風量的設計。

但在家電產品引進了逆變器後，不只變得可以平滑地控制交流馬達的轉速，交流馬達也變得更小、更輕、更節能。由於這對於家電產品來說是很大的革新，所以日本的家電廣告也頻繁使用「逆變器」當成宣傳詞。

不過，現在在家電產品的廣告上已較少看到「逆變器」一詞。因為在家電中使用逆變器如今已經是相當理所當然的事情。

那麼，我們生活中究竟有哪些家電使用了逆變器呢？相信你應該已經猜到不是只有前面提到的洗衣機、冰箱、和冷氣了吧。

引進逆變器的洗衣機。可以照條件平滑地調整交流馬達的扭力和轉速

第 6 章

行駛控制

～「走」「停」的控制～

》 控制行駛的制動技術

汽車需要的3種運動性能

　　要讓汽車安全地行駛，就必須確保「前進」、「轉彎」、「停止」這3個基本的運動性能（圖6-1）。在這點上，電動車的這3種運動性能都跟汽油車不太一樣。這是因為**電動車的動力來源跟汽油車不同**，行駛的控制機制也存在根本性的差異。

　　本章，我們除了要介紹現代電動車不可或缺的動力控制單元（PCU）的原理外，還會解釋電動車的「前進」和「停止」性能優異的原理。另外，關於「轉彎」的部分將留到**9-2**再說明。

動力控制單元的功用

　　如第3章所述，電動車的歷史比汽油車更悠久，而早期的電動車使用的是擁有整流子，保養更麻煩的直流馬達，故無法使用再生煞車。因為當時還沒有控制交流馬達的技術，以及實現再生煞車的電力轉換技術。

　　然而在1970年代後，由於電力電子學技術的發展，我們得以進行各種不同的電力轉換，繼而開發出**可實現交流馬達控制和再生煞車**的動力控制單元。

　　現在電動車使用的動力控制單元，會在加速時將直流電轉換成三相電，在減速時將三相電轉換成直流電（圖6-2）。為什麼它可以辦到這種電力轉換呢？從下一節開始，我們將深入一窺箇中的祕密。

圖6-1　　汽車需要的3種基本運動性能

油門　　　　　方向盤　　　　　煞車

前進　　　　　轉彎　　　　　停止

由於電動車和汽油車的動力來源不同，
故實現「前進」、「停止」的方式也存在根本性差異

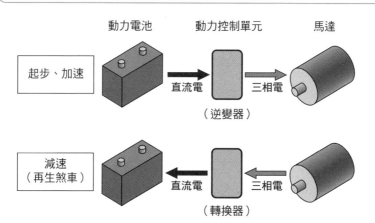

圖6-2　　電動車的動力控制單元的功用

動力電池　　　　動力控制單元　　　　馬達

起步、加速

直流電　　　　三相電

（逆變器）

減速
（再生煞車）

直流電　　　　三相電

（轉換器）

● 起步、加速時，逆變器啟動，控制馬達
● 減速時，轉換器將馬達產生的電轉換成直流電，替動力電池充電

Point

✎ 電動車的動力來源跟汽油車存在根本差異

✎ 現在的電動車由交流馬達驅動，可使用再生煞車

✎ 這主要歸功於電力電子學技術的發展

» 控制馬達的關鍵元件——功率半導體

負責轉換電力的轉換器和逆變器

在動力控制單元當中，包含了俗稱轉換器（converter）和逆變器（inverter）的2種轉換器（圖6-3）。轉換器一詞可泛指所有種類的轉換器，其中將交流電（AC）轉成直流電（DC）的稱為「AC-DC轉換器」，將直流電轉成直流電的稱為「DC-DC轉換器」，將交流電轉成交流電的稱為「AC-AC轉換器」。而逆變器是把直流電轉換成交流電，所以也叫「DC-AC轉換器」。

高速反覆開關的功率半導體

轉換器和逆變器之所以能轉換電力，必須歸功於高性能功率半導體的研發。這裡說的功率半導體，是一種可以依照輸入的訊號開關電流的半導體元件，可在1秒內開關超過500次，達成普通的機械式開關不可能辦到的高速切換。

動力控制單元的組成

電動車的動力控制單元主要由逆變器、控制迴路以及依需求增加的「DC-DC轉換器」組成（圖6-4）。另外，在使用再生煞車時，逆變器會發揮「AC-DC轉換器」的功能，將三相電轉換成直流電。

控制迴路則負責依照輸入的駕駛指令（駕駛人踩油門或煞車時送出的訊號），或檢測到的電壓、電流、速度、位置來輸出閘控信號。**逆變器會根據收到的閘控信號來控制馬達。**

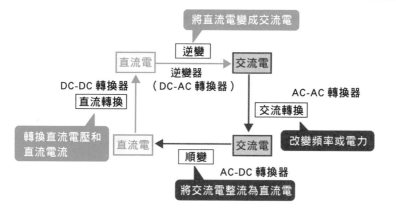

圖6-3 轉換器與逆變器

名稱依轉換的電力種類而異

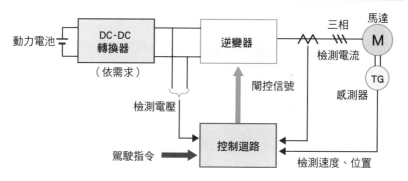

圖6-4 動力控制單元的組成範例

※上圖的逆變器是PWM逆變器

- 逆變器會依照控制迴路送來的閘控信號控制馬達
- 使用再生煞車時,逆變器會扮演「AC-DC 轉換器」,將三相電轉換成直流電

Point

- 動力控制單元包含了轉換器和逆變器
- 轉換器和逆變器使用了功率半導體
- 逆變器負責直接控制電動車馬達

》電力轉換的原理①
改變直流電壓

用DC-DC轉換器控制直流電壓

　　電動車的動力控制單元所使用的「DC-DC轉換器」,是使用功率半導體控制直流電的電壓。本節為展示其原理,將分別介紹斬波器控制和PWM控制。

可改變直流電壓的斬波器控制

　　斬波器控制是**使用功率半導體來變直流電壓的控制方法**(圖6-5)。斬波器的英文「chopper」原意就是「用來砍東西的工具」。

　　功率半導體在打開的狀態時,可將電壓維持在固定的數值,而如果在特定時間內連續開關功率半導體,將50%的時間控制在關的狀態,電壓的平均值就會是直流電源電壓的50%。另外,斬波器控制如同右頁的介紹,除了降低電壓(降壓),也可以用來提高電壓(升壓),且2種的控制迴路各不相同。

改變脈衝寬度的PWM控制

　　PWM控制是斬波器控制常用的控制方式。PWM是脈衝寬度調頻(Pulse Width Modulation)的縮寫,意思是藉由改變脈衝(Pulse,即方波)的寬度(Width)來控制輸出電壓的平均值(圖6-6)。

　　在斬波器控制中,一組開和關的時間稱為「開關週期」,而開啟的時間比例稱為「工作週期」。**縮短「工作週期」,則脈衝的寬度也會變窄,輸出的電壓平均值也會變小。**

圖6-5 斬波器控制的原理

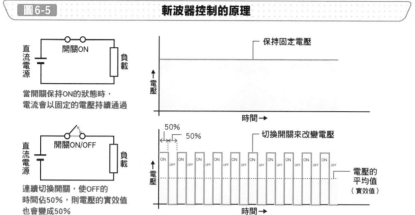

開關ON

直流電源　負載

當開關保持ON的狀態時，電流會以固定的電壓持續通過

保持固定電壓

電壓↑　時間→

開關ON/OFF

直流電源　負載

連續切換開關，使OFF的時間佔50%，則電壓的實效值也會變成50%

50%　50%

切換開關來改變電壓

電壓↑　ON OFF ON OFF ON OFF ON OFF ON OFF ON OFF ON OFF ON OFF ON OFF ON OFF ON OFF

電壓的平均值（實效值）

時間→

使用功率半導體高速開關直流電源（斬波）
來改變電壓平均值電壓

圖6-6 PWM控制的原理

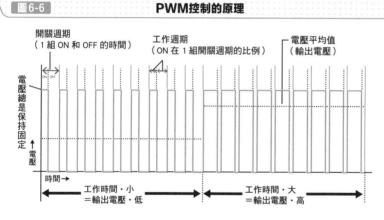

開關週期（1組 ON 和 OFF 的時間）

工作週期（ON 在 1 組開關週期的比例）

電壓平均值（輸出電壓）

電壓總是保持固定

電壓↑　時間→

工作時間·小＝輸出電壓·低

工作時間·大＝輸出電壓·高

使開關週期固定不變，並縮短工作週期，
即可降低輸出電壓的平均值

出處：基於赤津觀監修《史上最強彩色圖解 一本書了解最新馬達技術》（暫譯，Natsume社）的圖D1-2-1製作

Point

∥DC-DC轉換器被用於斬波器控制和PWM控制
∥斬波器控制和PWM控制都用到了功率半導體
∥PWM控制依靠改變「工作週期」來控制電壓平均值

電力轉換的原理② 將直流電轉換成三相電

用逆變器將直流電轉換成三相電

電動車的動力控制單元所用的逆變器,是使用功率半導體將直流電轉換成三相電,透過改變電壓和頻率來控制馬達的轉速與輸出功率。本節我們將解說其背後的機制。

用功率半導體製造正弦波

利用上一節介紹的**PWM控制技術,可以將直流電轉換成交流電**(圖6-7)。固定開關週期,然後連續改變工作週期(開關打開時的時間),就能畫出模擬輸出電壓變化的正弦波(sin波)。同時,若縮短開關週期,使波形變平滑,就能近似出交流電的正弦波。應用此原理,就能模擬出相位各差120度的三相電。

用逆變器控制馬達

在電動車上動力電池輸出的直流電會通過逆變器轉換成三相電,再供應給馬達。換言之,電動車藉著分別開關6個(二級的情況)功率半導體,來創造出電壓變化類似正弦波的三相電,然後供應給馬達(圖6-8)。而逆變器的角色,是透過改變開關週期和工作週期來**改變三相電的電壓和頻率,控制馬達的轉速與功率**。這類控制稱為變壓變頻(VVVF)控制,電車也同樣使用這種控制技術。

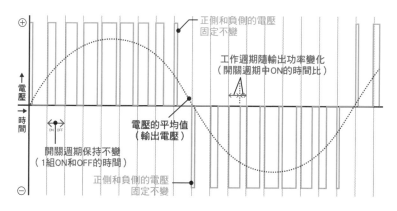

圖6-7　PWM將直流電轉換成交流電的原理

正側和負側的電壓
固定不變

工作週期隨輸出功率變化
（開關週期中ON的時間比）

↑
電
壓
→
時
間

ON OFF

電壓的平均值
（輸出電壓）

開關週期保持不變
（1組ON和OFF的時間）

正側和負側的電壓
固定不變

改變工作週期，輸出電壓的平均值
會呈現為正弦波（sin波）

出典：基於赤津觀監修《史上最強彩色圖解 一本書了解最新馬達技術》（暫譯，Natsume社）的
圖D2-2-4製作

圖6-8　逆變器控制三相馬達的原理

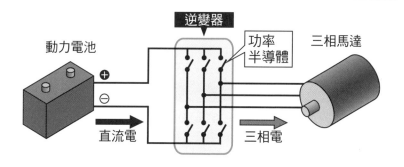

逆變器

動力電池

功率
半導體

三相馬達

＋

－

直流電

三相電

逆變器內部有 6 個（二級的情況）功率半導體，
分別重複開關它們，即可模擬出三相電，供應給三相馬達

Point

✎ 應用 PWM 控制技術，可以將直流電轉換成三相電
✎ 逆變器輸出的三相電電壓是類似正弦波的形狀
✎ 改變三相電的電壓與頻率，即可控制馬達轉動

» 可高速開關的功率半導體

功率半導體分成數種

可高速開關的功率半導體分成數個種類。

現在電動車的動力控制單元常用的功率半導體，多採用以Si（矽）為原料的IGBT（絕緣閘雙極電晶體），即Si-IBGT（圖6-9）。然而，Si-IBGT存在開關損失（switching loss）很大，以及工作頻率（開關的頻率）較低這2個缺點（圖6-10）。

因此，現在業界正嘗試改用SiC（碳化矽）材料的MOSFET（金屬氧化物半導體場效電晶體），即SiC-MOSFET來取代Si-IBGT。SiC-MOSFET的開關損失比Si-IBGT更小，因此**冷卻器也可以做得更小**，而且由於工作頻率較高，**還能縮小被動元件的體積**。同時，相較於以矽為材料的MOSFET（Si-MOSFET），SiC-MOSFET晶片的面積更小，可實現小型封裝，也有恢復損失（recovery loss）非常小等優點。因此，各家車廠都以機器的小型化、降低能耗來提高續航里程為目標，如火如荼地開發電動車用的SiC-MOSFET。

「嗡嗡」聲的真面目

我們在**1-4**曾提到，電動車在加速和減速時會發出「嗡嗡」的磁勵音。這個聲音其實就是逆變器輸出的三相電中的噪音，透過馬達等零件的震動傳出的。

不過，近年的電動車已經很難聽見這種磁勵音。這都得歸功於功率半導體的工作頻率提升，以及消音器性能進步等各種降噪技術的改良。

圖6-9 ⋯⋯⋯ **Si半導體與SiC半導體**

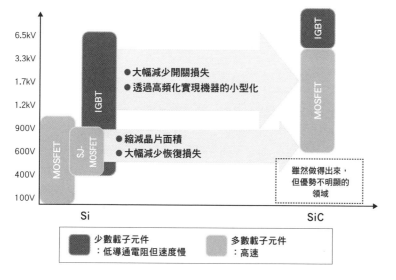

● 大幅減少開關損失
● 透過高頻化實現機器的小型化

● 縮減晶片面積
● 大幅減少恢復損失

雖然做得出來，但優勢不明顯的領域

少數載子元件
：低導通電阻但速度慢

多數載子元件
：高速

現在的電動車多使用Si-IGBT

出處：基於ROHM官網「SiC-MOSFET」
（URL：https://www.rohm.co.jp/electronics-basics/sic/sic_what3）製作

圖6-10 ⋯⋯⋯ **Si-IGBT與SiC-MOSFET的比較**

功率半導體	開關損失	工作頻率
Si-IGBT	大	低
SiC-MOSFET	小	高

目前的課題是如何降低SiC-MOSFET的成本

Point

🖉 可高速開關的功率半導體有許多種類
🖉 現在的電動車，主要使用Si-IGBT作為功率半導體
🖉 SiC-MOSFET可實現冷卻器和被動元件的小型化

≫ 行駛① 平滑的啟動與加速

馬達驅動的行駛特性

　　電動車的起步比汽油車更平滑，而且換檔時沒有換檔衝擊，可以平滑地加速。這是因為引擎和馬達的扭力特性有著根本性的不同（圖6-11）。

　　引擎的扭力在靜止時為零，隨著引擎轉速提高而漸漸變大，然後過了某個轉速後又開始下降。因此，汽油車必須依照行駛速度和引擎的扭力特性階段式地切換變速器的齒輪比，將動力傳給車輪，所以會發生換檔衝擊（一部分自排車除外）。

　　另一方面，馬達的扭力在靜止時最大（理論上無限大）。然而，實際上為了防止馬達故障，電動車會限制通過馬達的電流，所以馬達在低速轉動時的扭力會維持在特定的值。同時，現在隨著控制技術的進步，電動車已經能從起步到高速行駛的過程中連續地控制馬達，在各種速度範圍都能發揮出足夠的功率。因此，電動車不需要變速器，可以平滑地起步和加速。

　　另外，引擎從踩下油門到扭力發生變化的時間（反應時間）約為100毫秒，而馬達僅需大約1毫秒。

為什麼馬達轉動很安靜？

　　跟汽油車相比，電動車在行駛時非常安靜，車體的震動也很小。這是因為馬達除了前面提到的磁勵音外，基本上**轉動時不會發出任何聲音，也不太會發出震動**。

　　作為汽油車動力源的引擎，其運作原理是在汽缸內燃燒燃料，再利用氣體的高速體積膨脹來推動活塞往復運動，所以運作時無可避免地會發出噪音和震動（圖6-12）。另一方面，馬達在運作時除了轉軸會轉動外，沒有其他任何的機械性運動，因此除了上一節提到的磁勵音外，不太會產生噪音和震動。

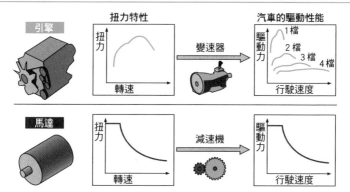

圖6-11　引擎和馬達的扭力特性與汽車的驅動性能

馬達不需要變速器，所以能平滑地提高轉速

出處：基於廣田幸嗣、小笠原悟司編著，船渡寬人、三原輝儀、出口欣高、初田匡
之著《電動車工學 第二版》（暫譯，森北出版）的圖3.9製作

圖6-12　以汽油為燃料的四行程活塞引擎的運作原理

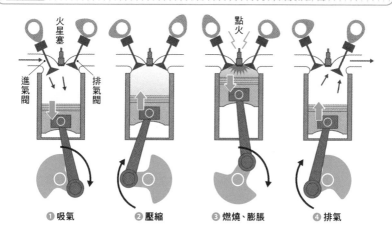

運轉時汽缸內部會連續發生爆炸，來回推動活塞，
因此容易發出巨大噪音和震動

Point

∥ 電動車的起步和加速比汽油車平滑
∥ 兩者的差異在於馬達和引擎的扭力特性
∥ 馬達不像引擎會產生噪音和震動

》 行駛② 用逆變器控制馬達

控制馬達的逆變器

現在的電動車驅動系統，主要由屬於交流馬達的三相馬達，以及負責控制前者的逆變器組成。電動車使用的逆變器主要是俗稱「電壓型」的逆變器，可以連續地改變輸出的三相電電壓與頻率，藉以改變馬達的扭力和轉速（圖6-13）。

提高高速行駛時功率的弱磁控制

馬達的扭力可被控制在從零轉速到某個速度（基速）之間內固定不變（圖6-14）。然而在超過基速後，隨著馬達的轉速提高，扭力會逐漸降低，在高速行駛時很難取得足夠的驅動力。

而要解決這個問題，就得利用弱磁控制。這是在轉速提升時，透過反比例地減少磁場的磁數，使馬達在各種速度區間的輸出都維持不變的技術，並藉此增加了電動車可有效行駛的速度範圍。

反應性高的向量控制

現在的電動車都擁有可提高加速和減速反應性的向量控制技術（圖6-15）。這裡說的向量控制，指的是車子能一邊掌握驅動車體的三相馬達運轉狀況，自動將電壓和頻率調整到最適合範圍的意思，包含電動車在內，其他電動化汽車與採用了逆變器控制技術的電車也都有使用這項技術。

圖 6-13 逆變器的原理

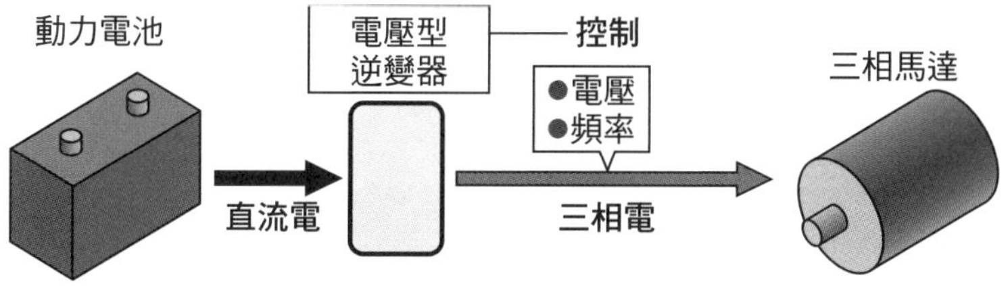

動力電池

電壓型逆變器

控制
● 電壓
● 頻率

三相馬達

直流電

三相電

電壓型逆變器可改變三相電的
電壓與頻率來控制馬達

圖 6-14 人為控制下交流馬達的扭力與功率的關係（示意圖）

功率

扭力

0　　基速　　　　　　　　轉速

只要控制好交流馬達，即可在大多數速度範圍發揮出一定的功率

圖 6-15 提高交流馬達反應性的向量控制

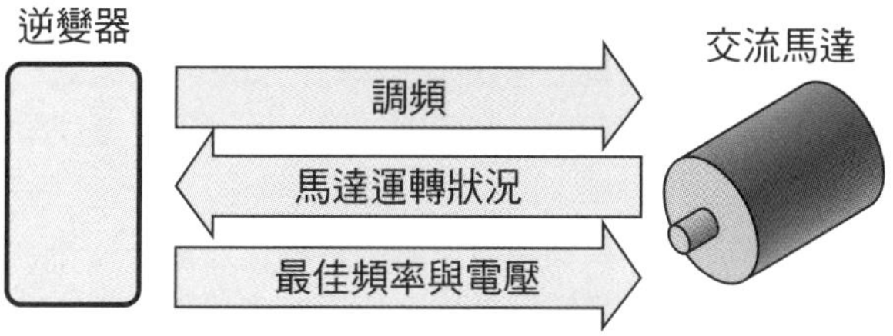

逆變器

交流馬達

調頻

馬達運轉狀況

最佳頻率與電壓

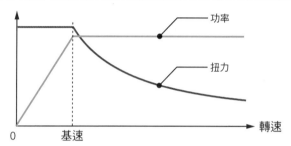

一邊檢查交流馬達的運轉狀況，一邊最佳化頻率與電壓

出處：基於安川電機「逆變器的種類與特徵」
（URL：https://www.yaskawa.co.jp/product/inverter/type）製作

Point

∥ 電動車的起步、加速，都是由逆變器進行電控

∥ 逆變器控制了馬達的功率和轉速

∥ 引進向量控制後，實現了交流馬達的高精度控制

» 停止① 煞車的種類

2種煞車

電動車除了手煞車外，還用到了油壓煞車和再生煞車2種煞車（圖6-16）。當駕駛人踩下煞車踏板時，這兩者會一起產生煞車力。

丟掉能量的油壓煞車

油壓煞車一如其名，是利用油壓推動煞車蹄片或煞車片的旋轉部（煞車鼓或煞車碟），**利用摩擦生熱的原理來獲得煞車力**（圖6-17）。換言之，這種煞車是把汽車的動能轉換成熱能釋放到大氣中，透過消耗（丟掉）能量的方式來獲得煞車力。不只是電動車，汽油車也是使用油壓煞車。

回收能量的再生煞車

至於再生煞車，則是**把馬達當成發電機來獲得煞車力**（圖6-18）。此時馬達產生的電力會被用來替動力電池充電。換言之，它會把汽車的部分動能轉換成電能，再透過動力電池轉換成化學能，藉以回收能量。同時，儲存在動力電池中的電力之後也能用於起步或加速，因此能量得以循環，節約行駛時所消耗的能量。

再生煞車現已運用在所有靠馬達驅動的電動化汽車上。混合動力車的油耗之所以比汽油車優秀，就是因為使用了再生煞車提高能量效率。

圖6-16　　　　　　　　　　　　　　**油壓煞車與再生煞車**

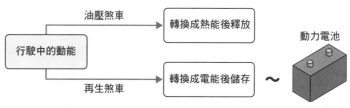

油壓煞車 → 轉換成熱能後釋放

行駛中的動能

再生煞車 → 轉換成電能後儲存 ～ 動力電池

● 油壓煞車把動能轉換成熱能後釋放
● 再生煞車把一部分動能轉換成電能後儲存在動力電池中

圖6-17　　　　　　　　　　　　　　**油壓煞車的種類**

ⓐ 鼓煞　　　　　　　　　　　　　　ⓑ 碟煞　　　　　　　煞車碟

煞車鼓　　　　　　　　　　　　　　煞車片

煞車蹄片

兩者都使用油壓將煞車零件推向旋轉部，
使零件摩擦，產生煞車力

出處：基於森本雅之《電動車 第二版》（暫譯，森北出版）的圖10.6製作

圖6-18　　　　　　　　　　　　　　**再生煞車的原理**

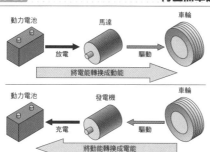

動力電池　　馬達　　　車輪

放電　　驅動

將電能轉換成動能

動力電池　　發電機　　車輪

充電　　驅動

將動能轉換成電能

● 把馬達當成發電機取得煞車力
● 回收一部分油壓煞車丟掉的動能，因此提升了電動車整體的能量效率

Point

🖋 電動車的煞車分為油壓煞車和再生煞車
🖋 油壓煞車利用摩擦取得煞車力
🖋 再生煞車把馬達當成發電機來獲得煞車力

» 停止② 　煞車的協調

再生煞車的缺點

要延長電動車的續航里程，最好是盡可能不使用油壓煞車，**只使用再生煞車來減速**。因為這麼做可以回收電動車的動能，替動力電池充電，更有效地使用電力。

然而，實際上要只靠再生煞車減速往往非常困難。**因為光靠再生煞車不一定總是能取得足夠的煞車力量。**

再生煞車的煞車力不足，主要出現在3種情境（圖6-19）。一是動力電池接近滿電，難以繼續充電時；二是在車子以接近停止的極低速行駛時；三是在緊急煞車這種需要極大煞車力道的時候。

協調2種煞車的再生協調煞車

因此，電動車要停止的時候，必須要**並用再生煞車和油壓煞車，且協調兩者**，提高兩者結合起來的總煞車力（圖6-20）。這種煞車就叫再生協調煞車。

在電動車上，再生協調煞車會優先使用再生煞車，再用油壓煞車去補足不夠的煞車力。當駕駛人在駕駛期間踩下煞車踏板時，最初只有再生煞車會工作，到煞車中途才並用油壓煞車來提高所需的總煞車力道。而到車體即將停止時，因為再生煞車的力量很低，所以會改成只靠油壓煞車減速，完全停下電動車。

圖6-19 再生煞車力量不足的3種情境

動力電池
接近滿電狀態時

以接近停止的
極低速行駛時

需要極大煞車力時

圖6-20 協調再生煞車與油壓煞車的再生協調煞車

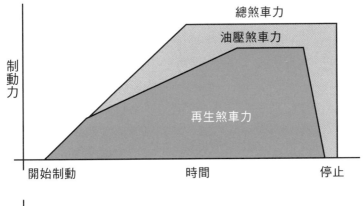

總煞車力

油壓煞車力

制動力

再生煞車力

開始制動　　　　時間　　　　停止

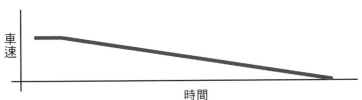

車速

時間

優先使用再生煞車，同時接受油壓煞車的輔助，
放大兩者結合的總煞車力

出處：基於森本雅之《電動車 第二版》（暫譯，森北出版）的圖10.8製作

Point

〃電動車最好優先使用再生煞車
〃單靠再生煞車有時無法產生足夠的煞車力
〃再生協調煞車可協調再生煞車和油壓煞車

動手試試看

駕駛時請試著留意電力的消耗和再生

電動車的續航里程會根據駕駛方法而有所變動。因為避免急加速或急減速，和緩地改變車速，可以減少電動車的電力消耗，透過再生煞車回收更多的能量。

多數電動車都有能量監控功能，可顯示行駛時消耗的電力與回收的電力。比如第1章介紹的日產第二代「LEAF」，在時速表的左側就有顯示能量監控。下圖圓形儀表的白線，消耗的電力愈多就愈往右倒，再生電力愈多則愈往左倒。

如果你想延長續航里程，可以試著多留意這條白線的變化，在駕駛時有意識地控制電力的消耗和再生。加速時，盡可能放緩油門，別讓白線往右倒，就能減少電力的消耗。而在減速時，盡可能放緩煞車，讓白線往左邊倒，即可減少煞車時油壓煞車的參與度，回收到更多能量。

能量監控器（日產第二代「LEAF」）

（注）駕駛時，請優先依照道路與交通狀況遵守安全和平順的駕駛方式

第 7 章

電動車的基礎設施

～充電站與加氫站～

» 電動車的基礎設施

汽車普及不可或缺的基礎設施

　　想讓汽車普及，就必須先打好補充能源的基礎設施（圖7-1）。因為若這類基礎設施太少，車主找不到地方補充能源，汽車的移動範圍和便利性都會大幅受限。

　　實際上，日本在加油站的數量增加後，汽車的持有數量才跟著迅速攀升（圖7-2）。日本的加油站數量在1950年代到1970年代逐漸增加，直到超過5萬座後，汽車的持有數量才開始急速上升，並持續至今。另外，加油站的數量之所以在1990年代過後下降，主要跟日本當時開始放鬆管制，開放自助式加油站有關。

充電基礎設施與加氫基礎設施

　　同理，要讓電動車或燃料電池車普及，就必須先建造補充能源的基礎設施。換言之，必須大量建設可供電動車搭載的動力電池充電的充電基礎設施，以及替燃料電池車搭載的氫燃料罐補充壓縮氫燃料的加氫基礎設施，增加車主替車子充電或加氫的站點。

　　然而，日本的充電基礎設施和加氫基礎設施都尚未完善。以充電設施之一的快速充電站為例，自2010年起，全球整體的快速充電站數量便持續增加，但日本從2017年後就不再增加，安裝數幾乎平移不動（圖7-3）。同時，儘管2020年日本全國的快速充電站數量總算超過了8000座，但依舊只有同年加油站的數量（約3萬座）的三成不到。

圖7-1 替汽車補充能源的基礎設施

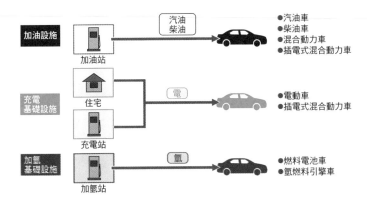

要提高汽車的便利性，使汽車普及，
就不能沒有這類基礎設施

圖7-2 日本的加油站數量與汽車持有數量變化

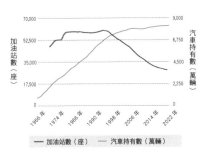

加油站數量增加後，
汽車持有數量才跟著上升

出處：基於日本經濟產業省能源廳、資源燃料部石油流通課「揮發油販賣業者數及加油站數的推移（已登記者）」（URL：https://www.enecho.meti.go.jp/category/resources_and_fuel/distribution/hinnkakuhou/data/220729.pdf）汽車檢查登錄情報協會「汽車持有數的推移」（URL：https://www.airia.or.jp/publish/statistics/ub83el00000000wo-att/hoyuudaisuusuii04.pdf）製作

圖7-3 快速充電器的安裝數變化

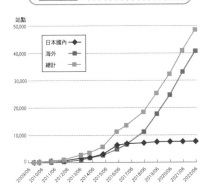

日本從2010年開始增加，
但到2017年便觸頂

出處：基於CHAdeMO協會「快速充電器安裝站點的推移」（URL：https://www.chademo.com/wp2016/wp-content/japan-uploads/QCkasyosuii.pdf）製作

Point

✎ 汽車的普及不能沒有補充能源的基礎設施

✎ 在日本，汽車的持有數量是在加油站數量增加後才上升

✎ 在日本，充電基礎設施和加氫基礎設施都仍不夠完善

» 電力的供給①
慢速充電與快速充電

電力供給的種類

電動車從外部電源接受電力供給（即充電）的方法分成數種（圖7-4）。在 **1-8**，我們介紹過將電動車接上充電插頭替動力電池充電的方法，但除此之外，還有不使用插頭的無線充電，以及像電車那樣用集電弓（集電裝置）從外部接受電力供給的充電方式。

慢速充電與快速充電

我們在第1章有提過，使用充電插頭充電的插電式充電分為慢速充電和快速充電（圖7-5）。慢速充電是使用一般住家的110V或220V的單相電替電動車充電的方式，車載的充電器會將單相電轉換成直流電來為動力電池充電。而快速充電是靠地面充電器（充電站）把220V的三相電轉換成直流電後，再替電動車上的動力電池充電的方法。

慢速充電的電流較小，所以需要的充電時間很長。但它使用家用插座提供的電力（110或220V的單相電）即可充電，因此可以在自己家裡充電。

另一方面，快速充電使用的是專用的地面充電器，電流非常大，因此充電時間比慢速充電短很多。然而，重複進行快速充電會對動力電池造成損害，所以一般不允許充電到80%以上。

因此，電動車被設計成平常在家裡進行慢速充電，在外地需要充電時才到充電站進行快速充電。換言之，**電動車的能源補給邏輯跟汽油車有著根本性的差異**。

圖7-4 .... **電動車從外部補充電力的方法**

- ●插電式充電：慢速充電、快速充電
- ●無線充電
- ●集電弓集電

最主流採用的是插電式充電，
分為慢速充電和快速充電

圖7-5 .... **慢速充電和快速充電的原理**

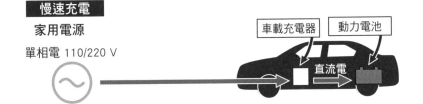

慢速充電

家用電源

單相電 110/220 V

車載充電器　動力電池

直流電

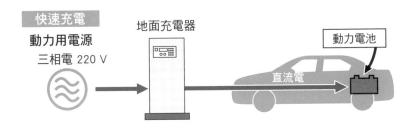

快速充電

動力用電源

三相電 220 V

地面充電器

動力電池

直流電

慢速充電用單相電，
快速充電是在短時間內通以大流量的直流電

Point

- ✎ 電動車的充電方法有很多種
- ✎ 使用插頭的插電式充電，分為慢速充電和快速充電
- ✎ 電動車的能源補給邏輯跟汽油車不一樣

>> 電力的供給②
為什麼無法一下就充飽電？

電動車的充電很費時

　　替電動車充電很費時（圖7-6）。例如第1章介紹的日產「LEAF」，慢速充電約需8～16小時，快速充電（CHAdeMO）一次則需要30分鐘。相較之下，汽油車到加油站加油，大約幾分鐘就能完成。

　　因此，相信很多人第一次開電動車都會忍不住抱怨「難道沒有更快的充電方法嗎」。然而，電動車充電這麼慢，其實是有理由的。

原因不在於電池

　　很多人以為電動車充電緩慢的罪魁禍首是動力電池，但這其實是誤解。因為在動力電池用的鋰離子電池中，其實也存在可在6分鐘內充飽80%電量的電池，比如東芝研發的「SCiB」（圖7-7）。

　　儘管如此，電動車的快速充電時間卻還是超過6分鐘。這是因為使用這種電池的話，充電站和電動車的成本會大幅增加。**充電時可通過的電流愈大，電池的構造就愈複雜，導致安裝和製造的成本愈高。**

　　另外，近年外國已有其他公司比日本搶先一步展開研究，試圖要解決上述的問題。比如在中國，有些公司透過提高充電站的功率和改良電動車來提高充電時的電流大小，縮小快速充電需要的時間；又或是引進可在幾分鐘內更換放在電動車底部的動力電池的技術，嘗試用各種方法減少充電時浪費的時間。

圖7-6　　　　　慢速充電與快速充電的差異

充電設備的種類		慢速充電			快速充電
		插座		直流充電樁	
		110V	220V	220V	
設想的充電地點（例子）	私有	獨棟住家、高級公寓、商辦大樓、屋外停車場等		高級公寓、商辦大樓、屋外停車場	一（極少數）
	公共	車商、超商、醫院、商業設施、計時停車場等			道路休息站、加油站、高速公路休息站、車商、商業設施等
充電時間	續航里程 160km	約14小時	約7小時		約30分鐘
	續航里程 80km	約8小時	約4小時		約15分鐘
充電設備本體價格（不含工程費）		數千日圓		數十萬日圓	100萬日圓以上

**雖然比起慢速充電，快速充電的充電時間較短，
但充電設備的成本較高**

出處：基於日本經濟產業省「充電設備的種類」（URL：https://www.meti.go.jp/policy/automobile/evphv/what/charge/index.html）製作

圖7-7　　　　　東芝開發的鋰離子電池「SCiB」

可在6分鐘充飽80%電力

※SCiB 是（株）東芝的註冊商標
　SCiB is a trademark of Toshiba Corporation.（照片提供：東芝）

Point

✎ 電動車的充電比汽油車的加油更花時間
✎ 無法縮短快速充電的時間，是因為電池可承受的電流容量有限

電力的供給③ 插電式充電的規格

多種規格

　　插電式充電存在多種不同的規格標準。比如在直流充電方面，全球主要存在5種標準，不同標準的充電接口形狀、電力規格、通訊方式各不相同（圖7-8）。這些標準包含日本的「CHAdeMO」、中國的「GB/T」、美國和歐洲使用的「COMBO」以及特斯拉的超級充電。目前各個標準都在努力搶佔全球市場這塊大餅。

在日本誕生的「CHAdeMO」

　　日本的充電口規格幾乎已經統一，而在快速充電方面主要使用2010年制訂的「CHAdeMO」標準（圖7-9）。「CHAdeMO」是「CHArge de MOve」（日文「充電移動」的羅馬拼音）的縮寫，另外也有「在等候車子充電時『喝杯茶』如何」的含意。

不斷提高的充電功率與課題

　　現在，全球隨著電動車的快速普及，快速充電的充電功率也愈來愈高。因為功率提高後，充電的時間就能縮短，繼而提升電動車的便利性。

　　然而，**要實現這件事並不容易**。因為快速充電器的功率上升後，如同前述，不僅快速充電器的安裝和維護成本會上升，電動車的負擔也會增加。

圖7-8　　　全球主要的快速充電標準

項　目	日本	中國	美國	歐洲	特斯拉
	CHAdeMO	GB/T	US-COMBO CCS1	EUR-COMBO CCS2	超級充電
插頭					
汽車接口					
🇺🇳 IEC	✓	✓	✓	✓	
🇺🇸		◆IEEE	SAE		
🇪🇺 EN	✓			✓	
🇯🇵 JIS	✓	✓	✓	✓	
🇨🇳 GB		✓			
通訊方式	CAN		PLC		CAN
最大功率 （額定）	400kW 1,000V 400A	185kW 750V 250A	200kW 600V 400A	350kW 900V 400A	?
最大功率 （市場）	150kW	50kW	50kW	350kW?	120kW
最早設置年份	2009 年	2013 年	2014 年	2013 年	2012 年

出處：基於CHAdeMO協會「關於超高功率充電系統的共同開發」，2018年8月22日製作

圖7-9　　　「CHAdeMO」的充電插頭

日本的快速充電規格幾乎
已被「CHAdeMO」統一

Point

🖉 插電式充電存在多種不同規格標準
🖉 日本主要使用俗稱「CHAdeMO」的快速充電標準
🖉 要提高快速充電器的功率並不容易

» 電力的供給④ 集電弓集電

用集電弓獲取電力

電動車與充電設備直接連接的充電方式，除了用連接埠連接的插電式充電，還有像電車那樣靠集電弓從外部獲取電力的方式。這種方式的原理，是在電動車的頂部安裝集電弓，再讓集電弓接觸架設在道路上的高架電車線獲取電力，是無軌電車使用已久的技術。而現在這項技術也有轉用到電動車充電上的跡象。

靠專用道路供應電力的「eHighway」

比如德國西門子就以公路運輸電動化為目的，開發了特殊的貨車運輸系統「eHightway」（圖7-10）。該系統使用了同時靠馬達和柴油引擎驅動的混合動力卡車。

這種混合動力卡車在專用道路上行駛時，會升起集電弓接觸高架電車線獲取電力，一邊替動力電池充電，一邊驅動馬達。而離開專用道路時則放下集電弓，改用柴油引擎或馬達驅動。

在公車站充電的系統

此外，西門子公司還開發了可在停車時利用集電弓充電的系統（圖7-11）。這套系統主要提供給電動巴士使用，**當巴士在公車站長時間停靠時便會升起集電弓，接觸裝設在公車站的高架電車線，接收電力，替動力電池充電。**這項技術有望成為不需要手動安插充電插頭的供電系統。

圖7-10 德國西門子公司開發的「eHightway」

混合動力卡車如電車般用集電弓集電行駛

（照片提供：西門子公司）

圖7-11 西門子開發的集電弓電動巴士

停車時升起集電弓充電

（作者攝於德國柏林的InnoTrans 2016會場）

Point

✐ 有些供電系統是使用集電弓供應車輛電力

✐ 「eHighway」是建造專用道路讓卡車靠集電弓集電行駛

✐ 此外還存在可於停車時升起集電弓充電的電動巴士

» 電力的供給⑤　無線充電

無線充電

現在有一部分的電動車已採用無線充電。汽車的無線充電是從地面以無線方式（wireless）向電動車供電，替動力電池充電的方式。

無線充電主要有3個大類。分別是電磁感應式、電磁場共振式、電波式（圖7-12）。

電磁感應式是讓輸電（一級）線圈跟受電（二級）線圈鄰接，利用電磁感應現象傳輸電力的方式（圖7-13）。這種方式可以傳輸大量電力，但缺點是線圈的距離愈遠，輸電效率愈低，無法提供充足的電力。

電磁場共振式是利用電磁場的共振現象，將電力從輸電線圈傳給受電線圈的方式。

而電波式則是將電流轉換成微波等電磁波，再透過天線接收電力的方式。這種方式雖然可以遠距離輸電，但缺點是輸電效率低。

一邊行駛一邊充電的行駛間無線供電

目前日本已經實用化的，是利用電磁感應原理，讓電動車停在地面線圈上來替車子供電的方法。

與此同時，**讓電動車能一邊行駛一邊透過無線方式接收電力的技術也正在開發中**。這種方式俗稱行駛間無線供電，是種在道路內埋設供電系統，持續為電動車的受電線圈提供電力的技術。一旦實現的話，就算電動車的電池容量很小，也能行駛很長的距離。

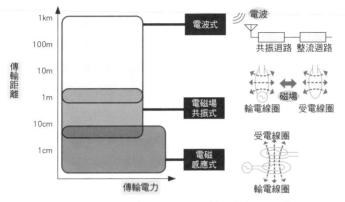

圖7-12　　　**無線充電的種類**

每種方式的可傳輸電力與可傳輸距離都不一樣

出處：基於日刊工業新聞社編，次世代汽車振興中心協力《城市中的EV與PHV 基礎知識與推廣策略構思》
　　　（暫譯，日刊工業新聞社）p37製作

圖7-13　　　**已在日本實用化的無線充電（電磁感應式）**

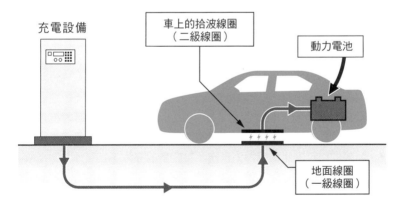

汽車停在地面線圈上方時，可從地面設備接收電力

Point

🖋 無線充電有3個大類

🖋 在日本，在汽車停止時進行無線充電的系統已經實用化

🖋 在行駛時也能無線充電的系統正在開發中

》 電力的供給⑥　V2H與V2G

整合電動車與電力系統

　　當電動車數量變多，人們對電力的需求也會提升，繼而增加現有發電廠的負擔。因此，**為了最佳化電力的使用和可再生能源的運用**，日本正開始推動整合電動車與電力系統的V2H和V2G系統。

與家庭電力系統整合的V2H

　　V2H是Vehicle to Home的縮寫，意思是使用電動車動力電池的電力當作家用電源。目前在家庭領域，有些地方已開始引進最佳化家庭能量消耗的HEMS（Home Energy Management System），或是可利用IT來最佳化整體電網（grid）電力使用的智慧電網（圖7-14）。而V2H的概念就是將這些系統跟電動車組合起來，**提高電力使用的效率**。

與大範圍電力系統整合的V2G

　　V2G是Vehicle to Grid的縮寫，意思是連接電動車與大範圍的電力系統，從電網替動力電池供應電力（圖7-15）。這個系統的**目的是藉由結合可再生能源**（風力或太陽能等）**這類不穩定的電力來源，以及電動車的充電系統，期望能夠平準化電網電力供應**。電動車的充電系統可比火力發電更靈活地因應電網負載的變化，很適合用於平準化可再生能源所產生出的電力。

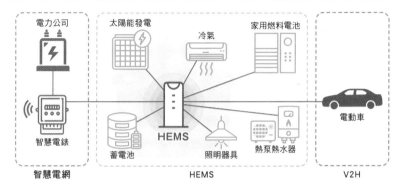

圖7-14　V2H的原理

用電動車的動力電池為家用電力系統供電

出處：基於森本雅之《電動車 第二版》（暫譯，森北出版）的圖12.10製作

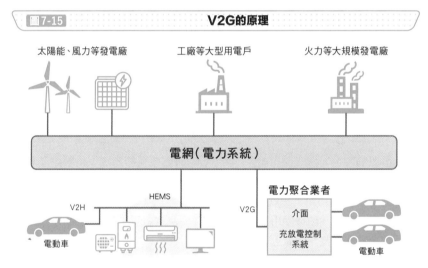

圖7-15　V2G的原理

將電動車的充電系統連上大範圍的電力系統（電網）

出處：基於森本雅之《電動車 第二版》（暫譯，森北出版）的圖12.11製作

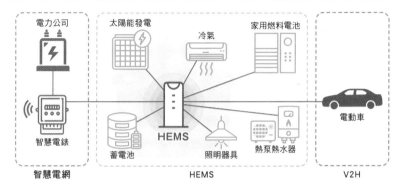

Point

✐ 日本開始推動V2H和V2G，作為最佳化電力使用的手段

✐ V2H可以最佳化家庭的電力消耗

✐ V2G的目的是平準化可再生能源不穩定的電力供給

» 氫的供給① 加氫站

加氫站的種類

以氫氣為燃料的汽車，有燃料電池車和氫燃料引擎車。而**為這2種車供應氫氣的基礎設施**，便是加氫站。

加氫站大致可分為定點式和移動式。定點式就像加油站一樣建造在特定地點，而移動式則是像拉著儲氫槽的拖車那樣，可以四處移動的加氫站。

其中定點式又分為現地型（on-site）與異地型（off-site）（圖7-16）。現地型即是現場設有製氫設備的加氫站。而異地型沒有製氫設備，必須用其他地方的大型製氫設備製造氫氣，再用卡車運送過來補給氫氣。另外，移動式加氫站全部都屬於異地型。

加氫站內設有替汽車補充壓縮氫氣的填充機。填充機裝有導管，將管線末端的金屬環接上充填口，就能為汽車的儲氫槽供應壓縮氫氣。加滿汽車的儲氫槽大約需要3分鐘。

氫氣的製造方式

氫氣的製造方法主要有4種：以化石燃料為原料的方法、精製副產氣體（作為工業製程副產品的氫氣）的方法、利用生物質取得的甲醇或甲烷當原料的方法，以及用可再生能源發電電解水的方法（圖7-17）。其中利用生物質製氫的方法，由於使用的原料是褐煤（品質較低的煤炭）和下水道汙泥等傳統上的廢棄物，因此近年受到關注。

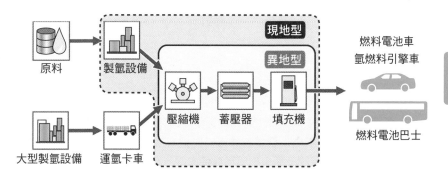

圖7-16　**定點式加氫站的構造**

現地型有製氫設備，異地型沒有

圖7-17　**製造氫氣的方法**

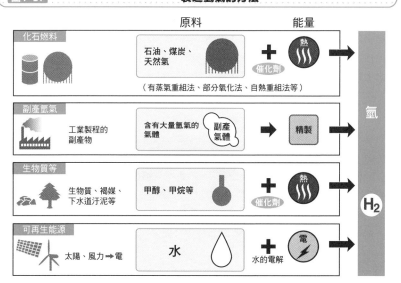

Point

🖉 為汽車供應氫氣的基礎設施俗稱加氫站

🖉 加氫站分為定點式和移動式

🖉 定點式又分為現地型和異地型

氫的供給② 氫能社會的合作

氫能源被關注的理由

氫能源之所以被視為次世代燃料而受到關注,主要有3個原因(圖7-18)。第一,**氫不像化石燃料那樣需要擔心枯竭,有助實現永續社會**;第二,**如同上一節所說,氫有很多種製造方法,容易取得**;第三,**燃料電池和氫燃料引擎運作時只會排出純水,不會造成環境汙染,非常清潔**。

氫能社會的實現

因此,現在日本政府正與汽車製造商等公司合作,致力於氫能社會(以氫為主要能源的社會)的實現。這是因為日本不僅缺乏能源資源,能源自給率也很低,一旦外國的能源資源供應發生波動,社會就會受到很大影響。換言之,**日本政府將氫能視為解決國家能源問題的手段,以實現氫能社會為目標**。

加氫站的建設進度緩慢

然而,日本在實現氫能社會的第一步——**加氫站的建設上,進度就已經大幅落後**。日本加氫站的數量自2015年全球首款量產型燃料電池車「Mirai」上市以來,數量開始一點一點增加。然而在此之後便幾乎零成長,數量至今仍不到加油站的100分之1,成為氫燃料汽車普及的一大瓶頸。

圖7-18　　　氫被視為次世代燃料而備受關注的主要理由

不用擔心枯竭

容易取得

非常乾淨

圖7-19　　　氫能社會的想像

不用化石燃料，而用氫氣當能源

出處：日本環境省「實現脫炭與氫能社會不可或缺的氫能供應鏈」
（URL：https://www.env.go.jp/seisaku/list/ondanka_saisei/lowcarbon-h2-sc/）

Point

- 氫被視為次世代燃料而受到關注的理由主要有三
- 日本政府為解決能源問題，致力於實現氫能社會
- 加氫站的建設還需要很多時間

動手試試看

找找看離你家最近的加氫站在哪裡

在第1章的「動手試試看」，我們試著尋找自家附近的充電站。那麼本章我們就來找找看加氫站吧。現在日本運作中的加氫站一共有164座（2023年1月時）。

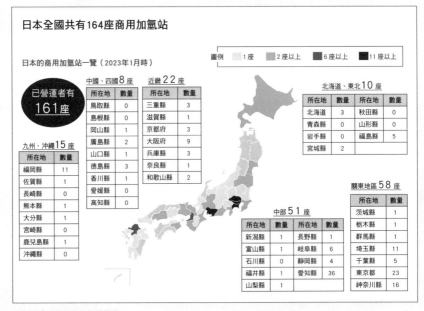

各都道府縣的商用加氫站數量
出處：日本環境省官網（URL：https://www.env.go.jp/seisaku/list/ondanka_saisei/lowcarbon-h2-sc/PDF/application_hstation.pdf）

想尋找離你最近的加氫站，可以在網路上搜尋。比如打開手機，在Google等搜尋網站上輸入「最近的加氫站」等關鍵字，就能找到離你目前位置最近的加氫站地圖，以及各個加氫站的聯絡方式和服務時間囉。

電動車與環境

～究竟有多 「環保」 ？～

第 8 章

》 電動車真的環保嗎？

因環保法規而誕生的汽車

如同在**1-1**介紹過的，電動車在行駛時不會排放二氧化碳等會對環境造成負擔的物質，而且非常安靜，因此被視為一種「環保車」。同時，電動車也被視為代表性的ZEV（零排放車）和次世代汽車，長久以來作為「對環境零汙染的汽車」而備受期許。

因此包含已開發國家在內的許多國家，近年除了制定嚴格的法規限制汽油車的排放，還透過政策法令推廣以電動車為首的「環保車」。

結果，「環保車」在全球的銷售量大幅上升。比如英國倫敦交通局（TfL）為了減少公共交通的碳排放，便積極推動公車的電動化（圖8-1）。還有，比如挪威、荷蘭、中國等國家，更**把推廣電動車列為國家戰略的一環，令電動車的銷量急速上升**。

對「環保」的疑問

但是，推廣電動車這件事，真的「環保」嗎？很遺憾，本書無法對這個問題給出明確的解答。

這是因為，若是電動車充電、製造、報廢時使用的電力，來自會排放二氧化碳的發電來源，那麼電動車很難稱得上「環保」。同時，電動車使用的動力電池等零件若直接報廢丟棄，也會對環境造成汙染。

換言之，**要判斷電動車是否「環保」，不能只看行駛過程，還必須審視其電力的來源，以及整個生命週期是否環保**（圖8-2）。

圖8-1 於倫敦行駛的雙層巴士

- 由中國車廠比亞迪（BYD）生產
- 倫敦交通局（TfL）為減少公共交通的整體碳排放，積極推動公車電動化

（照片：達志影像／提供授權）

圖8-2 電動車的生命週期

生命週期的 各階段	零件及 車輛製造	汽車的使用	報廢、回收
減少環境汙染 的方式	減少工廠、物流鏈 的碳排放	●降低能耗 （提高內燃機效率、 電動化、輕量化等） ●開發替代燃料等技術	減少廢棄物的產生， 推動資源回收

LCA
- 定量評估環境影響
- 找出有機會減少碳排的環節，並回饋落實

要判斷是否「環保」，必須綜合地
審視整個生命週期

出處：基於馬自達官網「LCA（生命週期評估）」
（URL：https://www.mazda.com/ja/sustainability/lca/）製作

Point

📝 電動車作為一種「環保車」，近年銷量持續增長
📝 挪威等國家將電動車列為國家戰略，使電動車銷量在當地快速增加
📝 電動車是否「環保」，必須從整個產業鏈來思考

» 在看不見的地方排放二氧化碳

碳排放量因發電方式而異

要評估電動車是否「環保」，必須觀察它在「看不見的地方」所排放的二氧化碳量。而這個「看不見的地方」的其中一個代表例便是發電廠。

發電廠有很多不同的發電方式（圖8-3）。其中既有如核能發電和可再生能源，在發電過程中完全不排放二氧化碳的方式；也有消耗石油、煤炭、天然氣（LNG）等化石燃料，會排放二氧化碳的火力發電。

如果電動車充電時使用的電力包含來自火力發電的電力，那麼電動車就不能說是完全「環保」。

目前日本的火力發電比例非常大

不同國家或地區的發電方式比例（能源組成）各不相同（圖8-4）。

以日本的能源組成為例，目前燃燒化石燃料（石油、天然氣、煤炭）的**火力發電佔了將近8成**。日本的火力發電比例會這麼高，跟日本在2011年東京電力福島第一核電廠發生事故後，暫停了國內所有核能發電廠的運轉有關。現在佔整體大約4%的核能發電，都是事故後重新啟動的核能發電廠的電力。

在火力發電比例這麼高的國家，電動車充電時使用的電力很高機率來自會排放二氧化碳的發電方式，所以電動車在日本很難稱得上「環保」。

要解決這個問題，就必須增加能源組成中可再生能源的佔比。

圖8-3 發電廠使用的主要發電方式

不排放二氧化碳的發電方式

- 核能發電
- 可再生能源的發電
  （水力、太陽能、風力等等）

曾排放二氧化碳的發電方式

火力發電
（石油、煤炭、天然氣）

自2011年東京電力福島第一核電廠發生事故後，
可再生能源等不排放二氧化碳的發電方式開始受到關注

圖8-4 全球主要國家發電量中再生能源的佔比

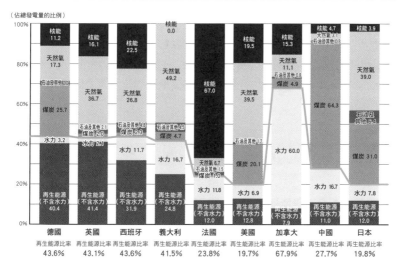

（佔總發電量的比例）

出處：基於日本資源能源廳『日本的能源 2022年度版「認識現在能源的10個疑問」』
（URL：https://www.enecho.meti.go.jp/about/pamphlet/energy2022/007/）製作

Point

🖉 電動車若用火力發電產生的電力來充電，就算不上「環保」

🖉 現在日本的能源組成有將近8成是火力發電

🖉 今後必須增加可再生能源的佔比

從整體評價環保性能

比較環保性能的2個指標

要判斷電動車「環保」與否，必須從電動車消耗的電力來源、製造到報廢的整個生命週期來看。而本節要介紹用於評估這件事的代表性指標「Well to Wheel」和「LCA」。

評估汽車使用過程的「Well to Wheel」

Well to Wheel是從油田（Well）到車輪（Wheel）的意思，是一項**以定量方式評估車輛從一級能源的開採到落地行駛的環境汙染指標**。以汽油等石油燃料來說，這項指標看的就是從在油田開採原油，到用汽油驅動車輪為止，整個過程中排放了多少會汙染環境的物質。

圖8-5是用Well to Wheel指標評估的各種汽車每公里的二氧化碳排放量。從這張圖表來看，可以看出電動車的二氧化碳排放量會因發電方式產生巨大波動。

評估生命週期的「LCA」

LCA是Life Cycle Assessment（生命週期評估）的縮寫，是一項**以定量方式評估汽車從製造到報廢為止整個生命週期的環境汙染指標**。

圖8-6比較了各種汽車從製造到報廢的二氧化碳排放量。從這張圖表來看，可看出插電式混合動力車（PHV）的二氧化碳排放量比電動車（EV）更少。

圖8-5　**用Well to Wheel指標算出的各車種的二氧化碳排放量**

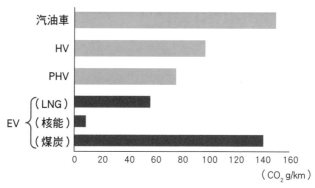

電動車（EV）的碳排放量會因所使用電力發電來源而異

出處：基於cliccar雜誌「現今不可不知的『電動車』是什麼？『電動車』、『PHEV』、『HEV』、『燃料電池車』等各種車的特徵與成本比較」（URL：https://clicccar.com/2020/12/18/1024395/）製作

圖8-6　**用LCA指標算出的各車種的碳排放量**

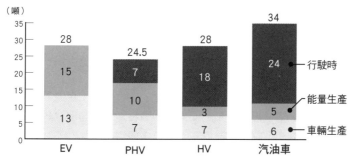

（計算前提）
- 每年行駛1.5萬km
- 使用10年
- EV的電池容量為80kWh，PHV為10.5kWh（EV行駛時6成左右）

其中最少的是插電式混合動力車（PHV）

出處：基於「連載『自JAMA資料看碳中和的實態（7）車輛生命週期的碳排量』日刊自動車新聞電子版 2021年6月25日刊」（URL：https://www.netdenjd.com/articles/-/251732）製作

Point

✐ 目前主要的環保性能指標有 Well to Wheel 和LCA
✐ Well to Wheel 指標著眼於能量消耗的過程
✐ LCA 指標著眼於汽車的生命週期

》可再生能源的利用

可再生能源與清潔電力

電動車要成為「環保」的載具，就必須使用不會排放二氧化碳的發電方式產生的電力。而這種電力來源除了核能發電外，還有來自可再生能源（圖8-7）的電力（清潔電力）。

在前述的2011年東京電力福島第一核電廠事故發生後，人們開始重視如何運用清潔電力實現碳中和與永續社會。因此，現在各國都在思考**如何創造能讓更多的電動車有清潔電力可使用的環境**。

可再生能源的優點和缺點

可再生能源是長存於自然界的能源。包含水力、地熱、生質能、太陽光、風力等等都屬於可再生能源。

其主要的優點是「不會枯竭」、「隨處可見」、「不排放二氧化碳（不增加總量）」等等（圖8-8）。

另一方面，它的缺點則有「能量密度低」、「無法配合用電需求調整發電量」、「發電成本偏高」等等。此外，水力發電和地熱發電的發電量雖然比較穩定，但只能建造在水壩或底下有岩漿庫的場所，地點限制較大。而太陽能發電和風力發電的建造地點限制較少，但發電量非常容易受到季節和天候影響，其中太陽能發電還有不能在夜間發電的缺點。

現在，**有些國家為了彌補這些短處，計畫打造可提高再生能源利用效率的系統**，試著建立後述的智慧電網並實現氫能社會。

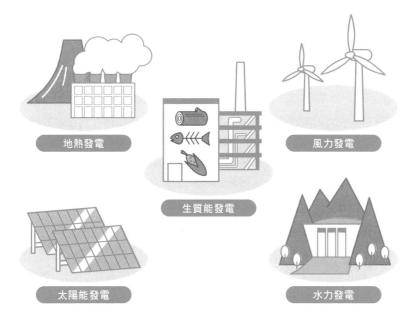

圖8-7 .... **主要的可再生能源**

地熱發電

生質能發電

風力發電

太陽能發電

水力發電

它們都是自然界存在的能量，
可以用來發電

圖8-8 .... **可再生能源的主要優缺點**

主要優點	主要缺點
●不會枯竭 ●隨手可得 ●不排放二氧化碳	●能量密度低 ●無法配合需求改變發電量 ●發電成本偏高

Point

✎ 可再生能源產生的電力，俗稱清潔電力
✎ 使用清潔電力的電動車很「環保」
✎ 人們正在尋找能夠彌補可再生能源缺點的技術

» IT與智慧電網

利用IT平衡負載

現在，包含日本在內的許多先進國家，都在檢討如何打造智慧電網（圖8-9）。所謂的智慧電網，顧名思義就是重組既有的電網，可透過IT即時掌握電力需求，有效率地從各個發電廠傳輸電力的機制。

智慧電網原本是美國為了因應未來持續增加的電力需求而研發的技術。其目的是包含發電廠和輸電網在內，用光纖將家庭和工廠等電力消費地點也全部連上網路，**提高電力供應的效率**。

積極引入可再生能源

一旦實現了智慧電網，電網就能積極接入可再生能源，減少傳統電廠排放的二氧化碳。換言之，只要提高清潔電力在整個發電網路中比例，即可降低整體社會的碳排放量。同時，智慧電網可以靈活適應太陽能發電（圖8-10）或風力發電這種發電量變化大而規模小的發電方式，可以**更有效率地利用**可再生能源。

用清潔電力充電的真「環保車」正來臨

若能使用這類智慧電網優先替充電設備提供清潔電力，那麼在這些充電站充電的電動車就**距離真「環保車」更靠近了一步**。

圖8-9　智慧電網的概念圖

□ 在智慧電網完成後增加的部分

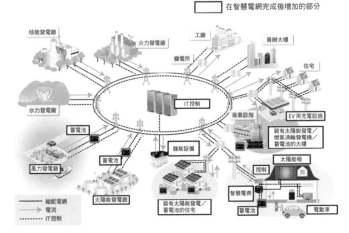

使用IT將發電設施與用電設施都連上網路，
有效率地為整個地區供應電力

出處：日本經濟產業省、次世代能源系統國際標準化研究會，2010年1月「邁向次世代能源系統國際標準
化」（URL：https://dl.ndl.go.jp/pid/11249964/1/1）

圖8-10　利用太陽能發電的太陽能板

發電量大幅受到天候左右，但結合智慧電網，
就能有效活用發出的電力

（照片：Diyana Dimitrova／Shutterstock.com）

Point

✐ 智慧電網能提升整個地區電網的電力供應效率
✐ 藉由智慧電網可以更有效率地利用可再生能源
✐ 使用智慧電網讓電動車更靠近真「環保車」

» 使用氫氣的氫能社會

以氫為燃料的社會系統

如同在**7-9**介紹過的，所謂的氫能社會，就是**以氫為燃料的社會系統**（圖8-11）。氫會在燃燒時或通過燃料電池時生成水，不會產生二氧化碳，所以有望成為清潔的能源。同時，如同**7-8**所述，氫可以用各種方式製造，也可以儲存。而氫能社會便是利用氫的這個強項，減少地區整體的碳排放量。

可再生能源與氫

氫能社會同時**也是可有效利用太陽能發電和風力發電這類供給量變動很大的可再生能源的社會**。因為我們能夠利用可再生能源的電力去電解水，再將產生的氫氣儲存起來。

儲存後的氫除了能用於燃料電池車，也可以使用燃料電池發電，替電動車或插電式混合動力車充電（圖8-12）。

日本立志實現氫能社會的理由

日本是國際上特別致力實現氫能社會的國家。因為日本缺乏能源資源，目前使用的化石燃料絕大多數依賴進口，能源自給率很低。

因此，日本希望結合前述可提高電網整體利用效率的智慧電網，以及能有效利用可再生能源的氫能社會，提高國家的能源自給率。

圖8-11　氫能社會的概念圖

可再生能源發電

太陽能發電

風力發電

地熱發電

小水力發電

用剩餘電力
電解水

儲存氫氣

燃料電池

發電

熱利用

燃燒

燃氣渦輪發電

合成氫化物

送到加氫站

燃料電池巴士

氫能車

以氫為整個社會的能量消耗核心

出處：基於NPO法人 R氫網路（URL：https://www.tel.co.jp/museum/magazine/natural_
energy/161130_crosstalk02/03.html）製作

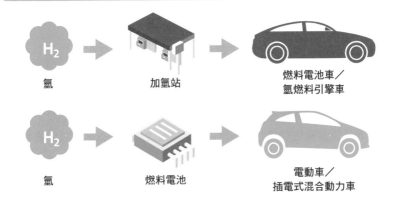

圖8-12　氫與汽車的關係

氫

加氫站

燃料電池車／
氫燃料引擎車

氫

燃料電池

電動車／
插電式混合動力車

氫不只能作為燃料電池車的燃料，
也能用燃料電池發電，替電動車或插電式混合動力車充電

Point

🖉 氫能社會是以氫為燃料的社會系統
🖉 在氫能社會中，可再生能源能夠被有效利用
🖉 日本希望透過實現氫能社會提高能源自給率

» 動力電池的再利用與回收

動力電池的處理

電動車要稱得上「環保車」，就必須用適當的方法處理其零件，並建立可去除環境汙染物質的報廢體系。本節，我們將介紹電動車零件中特別昂貴，且會用到難以取得的稀有金屬生產的動力電池之再利用，以及動力電池材料的回收。

動力電池的再利用

電動車的動力電池大約10年就需要更換。然而，**電動車換下來的老舊動力電池，依照其剩餘的性能，其實還有重新利用的可能性**（圖8-13）。性能好的可以安裝到堆高機等其他載具上使用，性能差的可以當成工廠的定置型電池使用。

材料的回收

經過再利用的動力電池，若性能下降到不堪使用的則會被拆解，其中一部分的材料將被回收。因為鋰離子電池的生產高度集中在少數國家，而且**原料中包含了資源風險很高的鋰、鈷、鎳等稀有金屬，所以會回收它們來製造新的電池**（圖8-14）。

本節介紹的再利用與回收，都是各大汽車集團已經在施行的措施。尤其近年稀有金屬的價格隨著電動車普及高漲，因此以日本和歐洲為主的企業都在推動稀有金屬回收政策，並逐漸拓展到全球。

圖 8-13　　動力電池的再利用

EV電池的再利用案例正在增加

出處：基於日本經濟新聞社「EV電池的『第2春』商機 深入解讀回收產業」2021年12月31日
（URL：https://www.nikkei.com/article/DGXZQOUC237WH0T21C21A2000000/）製作

圖 8-14　　鋰離子電池用到的主要稀有金屬與生產國佔比

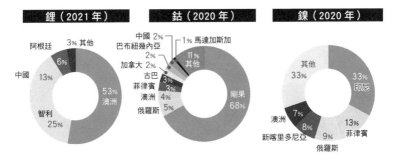

目前全球許多國家已開始建立
這些金屬的回收體制

Point

🖉 現在業界正在推動動力電池的再利用與回收
🖉 淘汰下來的動力電池可以挪作其他用途
🖉 業者已在推動將電池拆解後取出稀有金屬的回收體制

動手試試看

請查查看世界各國的能源組成

各國不同的能源組成

　　請你使用電腦或手機,查查看**8-2**介紹的能源組成吧。相信你一定會注意到不同國家的能源組成都大不相同。比如日本,其火力發電的佔比如同前述佔了將近8成,但在法國卻有大約7成是核能發電,而挪威有9成是水力發電(下圖)。

　　這種能源組成跟電動車的普及息息相關。換言之,在能源組成以碳排放量少的發電方式為主的國家,能夠以環保作為推廣電動車的理由。但日本因為火力發電佔比很高,電動車難以稱得上「環保」,所以政府很難積極地推廣電動車。

　　調查世界各國的能源組成,就會發現每個國家的能源環境差異很大,而這又跟電動車的普及狀況密切相關。

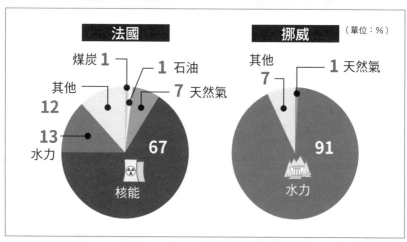

法國與挪威的能源組成
出處:基於一般社團法人 海外電力調查會「各國電力事業(主要國家)」
(URL:https://www.jepic.or.jp/data/w04frns.html〈法國〉、
https://www.jepic.or.jp/data/w07frns.html〈挪威〉)製作

第 **9** 章

今後的電動車
~未來展望~

>> 電動車的進化① 動力電池

肩負次世代電動車發展重任的蓄電池

現在電動車的動力電池大多使用鋰離子電池。但與此同時，**業界在努力研發可以取代鋰離子電池的新型蓄電池**。以下介紹其中幾個代表。

什麼是全固態電池？

全固態電池，就是把鋰離子電池的電解液換成離子傳導性良好的固態電解質（圖9-1）。全固態電池不僅比鋰離子電池更安全，**能量密度也更高，具有容易大容量化的特性**。

氟離子電池與鋅空氣電池

氟離子電池與鋅空氣電池不使用鋰等稀有金屬，且有機會實現比全固態電池更優異的性能與更低成本的蓄電池（圖9-2）。目前在日本，新能源產業技術開發機構（NEDO）正領跑研發這2類蓄電池。

這些技術何時能用於車用電池？

本節介紹的革命性蓄電池，由於能量密度高、容易大容量化，既能提高電動化汽車的安全性又能延長續航里程，因而發展備受期待。但是，它們目前仍面臨**如何降低成本等技術課題**，還需要幾十年的漫長開發才能成為可實際應用的車用電池。

圖9-1 全固態電池的原理

傳統的鋰離子電池

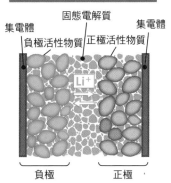

全固態鋰離子電池

- 將鋰離子電池的電解液換成固態電解質
- 充放電時，鋰離子在正極和負極之間移動

圖9-2 氟離子電池與鋅空氣電池的原理

氟離子電池

鋅空氣電池

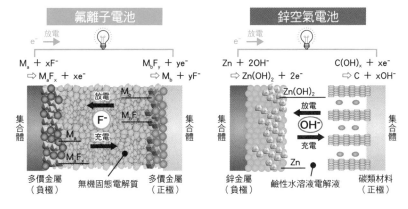

氟離子電池

放電
e^- →

$M_a + xF^-$
$\Rightarrow M_aF_x + xe^-$

$M_bF_y + ye^-$
$\Rightarrow M_b + yF^-$

放電 M_b
F^-
M_bF_y
充電
M_a
M_aF_x

集合體　集合體

多價金屬（負極）　無機固態電解質　多價金屬（正極）

鋅空氣電池

放電
e^- →

$Zn + 2OH^-$
$\Rightarrow Zn(OH)_2 + 2e^-$

$C(OH)_x + xe^-$
$\Rightarrow C + xOH^-$

$Zn(OH)_2$
放電
OH^-
充電
Zn

集合體　集合體

鋅金屬（負極）　鹼性水溶液電解液　碳類材料（正極）

氟離子電池是氟離子（F⁻）在正負極之間移動，
鋅空氣電池是氫氧根（OH⁻）在正負極間移動

Point

- 可提高電動車性能的革命性蓄電池正在開發中
- 這種革命性蓄電池的能量密度高，容易大容量化
- 實用化的一大瓶頸，是如何降低製造成本等技術課題

» 電動車的進化② 「轉彎」的運動

輪轂馬達可實現全新的移動方式

若替四輪汽車的每個車輪都裝上**3-2**和**5-8**介紹過的輪轂馬達,就能**讓車子做出傳統汽車做不到的「轉彎」動作**。而本節將介紹其中的兩例:「PIVO 2」和四輪獨立馬達行駛系統。

揭示全新移動方式的「PIVO 2」

「PIVO 2」是日產在2007年發表的概念電動車。這輛車融合了輪轂馬達和線傳轉向(用電子訊號控制車輪方向)技術,揭示了**傳統汽車做不到的全新移動方式**(圖9-3)。比如「PIVO 2」可以把所有輪子切成橫向,比傳統汽車更輕鬆地完成路邊停車。

四輪獨立馬達行駛系統

四輪獨立馬達行駛系統,是使用輪轂馬達個別控制4個車輪動力的車輪(圖9-4)。

引進這套系統可以降低左右車輪的滑動差,故**可提升汽車過彎時的穩定性,實現更滑順的行駛**。例如當駕駛人將方向盤往左轉時,這套系統不是改變前輪的角度,而是自動增加彎道外側(右側)車輪的動力,輔助車體過彎。如此一來就能做到光靠改變車輪角度不可能實現的靈活轉向,在過彎時更穩定。

圖9-3　「PIVO 2」的運動

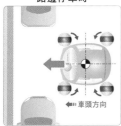

路邊停車時

可用直行的方式完成路邊停車

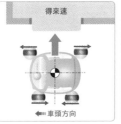

橫向移動

得來速

車頭方向

在得來速取貨時不用伸長手，直接把車子靠上去即可

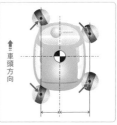

迴轉行駛時

車頭方向

將重心移往內側，四輪均等地施力，實現穩定地迴轉

圖9-4　使用四輪獨立馬達行駛系統過彎的技術

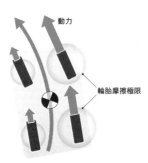

動力

輪胎摩擦極限

ⓐ 迴轉時車重分布在外輪，故內輪的輪胎摩擦極限比外輪小。若提高外輪的驅動力配比，就能均等地使四輪都不易打滑。

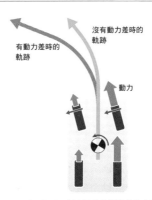

沒有動力差時的軌跡

有動力差時的軌跡

動力

ⓑ 開始迴轉時，暫時提升外輪的動力來增加偏向轉矩，即可做出靈敏的迴轉過渡動作。

藉由提升彎道外側車輪的動力，便能實現
光靠改變車輪角度無法辦到的靈活迴轉

※ 偏向轉矩：作用在通過車體重心的垂直軸周圍的力矩

出處：基於廣田幸嗣、足立修一編著，出口欣高、小笠原悟司著《電動車的控制系統》（暫譯，東京電機大學出版局）的圖4.19製作

Point

🖉 使用輪轂馬達可讓汽車實現全新的運動方式
🖉 日產的「PIVO 2」揭示了電動車的新移動方式
🖉 四輪獨立馬達行駛系統可以實現穩定的過彎

電動車轉型與課題① 充電設施不足與電力短缺

充電基礎設施的電力短缺疑慮

近年，隨著社會對環保與能源問題的關心度提高，歐洲、中國、美國等國開始加速電動車轉型（從汽油車轉向電動車）。受到法規對於汽油車的管制緊縮的影響，電動車的銷量與持有量都急速上升（圖9-5）。

然而，**這樣急速的電動車轉型也被質疑可能會引發其他問題**。其中代表性的例子，便是充電設施不足與電力短缺。

充電設施不足，指的是太多電動車在充電站排隊充電，導致交通發生壅塞。因為電動車就算用快速充電，一次也要耗費30分鐘（以CHAdeMO來說），此時充電設備就會被占用。

而電力短缺，是因為電動車增加後，對電力的總體需求也會增加。有人認為要解決此問題，就必須加蓋發電廠，提高電力供給。

必須設法分散充電時段

在日本，電動車轉型的進度不像歐洲、中國以及美國那麼快。但如果日本未來要推動電動車轉型，就必須參考外國的經驗來研擬政策，設法避開充電設施不足與電力短缺的問題。

而這類策略的代表例子，便是**分散充電的時間段**。除了單純地增設快速充電樁，還要改良慢速充電器，盡量讓車主只在電力需求低的深夜替車子充電，又或是提高高用電負載時段的快充費用。有人認為透過這些巧思，即可避開日本充電設施不足或電力短缺的問題。

圖 9-5　　全球的電動車銷量與持有量變化

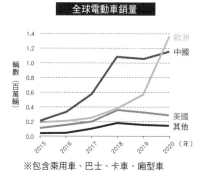

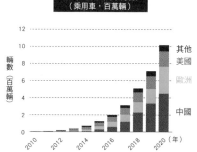

※包含乘用車、巴士、卡車、廂型車

自巴黎協定生效的2016年之後，歐洲和中國的電動車數量快速增加

出處：IEA「Global EV Outlook 2021」（URL：https://www.iea.org/reports/global-ev-outlook-2021）

第9章
電動車轉型與課題① 充電設施不足與電力短缺

Point

- 快速的電動車轉型可能會衍生各種問題
- 其中的代表例子有充電設施不足和電力短缺
- 有人認為這些問題可以透過分散充電時段避免

» 電動車的轉型與課題② 對汽車產業的影響

汽車產業受到打擊

假如電動車轉型的速度太快，有人擔心**傳統汽車產業可能會衰退，導致大量從業人員失業**。這是因為考量到電動車的零件數量比汽油車少，生產的技術門檻較低，若很多新公司藉機進入汽車產業，可能會讓舊有的車廠和零件製造商受到重創。

尤其在日本，很多人認為電動車轉型會對日本國內的產業造成極大影響。日本的汽車產業佔全國就業人口接近1成，更是佔製造業出口額接近2成的骨幹產業，是重要的就業提供者，以及製造業中的GPD貢獻大頭（圖9-6）。

為何豐田要開發氫燃料引擎車

因此，豐田才選擇開發過去被認為難以實現的氫燃料引擎車，並致力於其實用化。因為氫燃料引擎車是用氫燃料引擎燃燒氫氣驅動，在行駛時不會排放二氧化碳。

在全球汽車的電動化趨勢中，豐田之所以刻意去開發有引擎車，主要有2個原因。第一，是因為氫燃料引擎車可以沿用他國難以模仿的汽油引擎技術；第二，因為引擎是由大約1萬個零件組成的動力裝置，牽涉到很多上游的零件製造商。換言之，豐田的目的是**保護日本車廠擁有巨大優勢的引擎技術，以及零件製造商的就業**，所以才一邊開發由馬達驅動的電動化汽車，另一邊又開發氫燃料引擎車。

圖9-6 汽車產業佔全日本就業人口與製造業出口額的比例

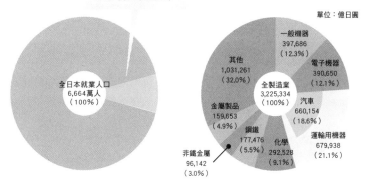

汽車業相關就業人口
549萬人（8.2%）

單位：億日圓

全日本就業人口
6,664萬人
（100%）

一般機器
397,686
（12.3%）

其他
1,031,261
（32.0%）

電子機器
390,650
（12.1%）

全製造業
3,225,334
（100%）

汽車
660,154
（18.6%）

金屬製品
159,653
（4.9%）

鋼鐵
177,476
（5.5%）

化學
292,528
（9.1%）

運輸用機器
679,938
（21.1%）

非鐵金屬
96,142
（3.0%）

汽車產業對日本而言是骨幹產業，
是重要的就業提供者和製造業的GPT貢獻大頭

出處：基於一般社團法人 日本汽車工業會「日本的汽車工業2021」（URL：https://www.jama.
or.jp/library/publish/mioj/ebook/2021/MIoJ2021_j.pdf）製作

第

9

章

電動車的轉型與課題②　對汽車產業的影響

Point

↗ 一旦推動電動車轉型，日本的汽車產業可能會衰退
↗ 汽車產業對日本是很重要的骨幹產業
↗ 開發氫燃料引擎車是為了保護汽車產業的就業市場

》 因應移動革命

百年一度的革命

現在，百年一度的移動革命即將發生。正如從前廉價汽油車（福特T型車）在美國上市後，大多數的馬車都被汽車取代，如今整個交通系統也在發生巨大變化，汽車在社會中扮演的角色即將發生改變。

說得更具體點，如今汽車已開始像電腦與手機那樣可以隨時連上網路交換資訊（圖9-7），並朝著自動化的方向發展以提升安全性。同時，受到近年共享經濟的潮流影響，汽車正慢慢從個人擁有轉向多人共享，共享汽車服務（圖9-8）和共乘服務等共享式服務愈來愈多。而且為了保護環境，實現去碳化的社會，多數國家對汽油車的管制日趨嚴格，加速了汽車的電動化與電動車轉型。除此之外，IT與智慧型手機的發展也提升了大眾運輸的便利性，讓汽車在社會中的角色逐漸發生改變。

因此，全球的汽車產業也**必須回應上述需求，強化汽車產品與IT和鐵路等大眾運輸的協作性，才能在市場上存活**。因為由汽車廠商單獨研發、製造、銷售汽車的商業模式正在逐漸崩潰。

「CASE」與「MaaS」

而最能代表這波汽車產業變化的關鍵字，則是「CASE」和「MaaS」。從下一節開始，我們將解釋這2個名詞的意思，以及它們跟電動車之間的關聯。

圖9-7 常時連網的汽車（以豐田智聯車載系統為例）

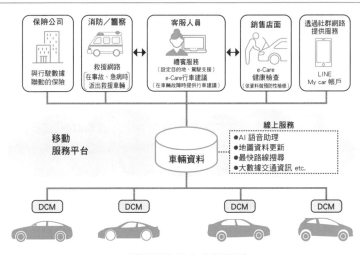

出處：基於豐田汽車新聞稿「豐田汽車正式推出智聯車載系統」
（URL：https://global.toyota/jp/newsroom/corporate/23157743.html）製作

圖9-8 共用汽車的共享汽車服務一例

為節省汽車的維修保養費用，日本也愈來愈多人開始使用

Point

⫽ 百年一度的移動革命即將發生
⫽ 汽車業界必須努力因應這波革命
⫽ 「CASE」和「MaaS」是最能代表汽車業界這波變化的名詞

汽車產業的目標「CASE」

「CASE」是什麼？

「CASE」是近年汽車業界想要達成的目標。這個詞最初是德國的戴姆勒公司（現在的梅賽德斯賓士集團）於2016年巴黎舉辦的車展上提出的，是該公司的4個**中長期經營方向**「Connected（連網）」、「Autonomous（自動駕駛）」、「Shared & Services（共享與服務）」、「Electric（電動化）」的首字母縮寫（圖9-9）。不過，這個方向剛好與近年汽車業整體的發展方向一致，因此**「CASE」一詞便被許多車廠當成用來代表今後汽車開發方向的目標。**

電動車與「CASE」

而電動車恰好齊聚了實現「CASE」的條件。因為電動車的驅動完全實現「電動化」，而且馬達對電子訊號的反應比引擎更準確且快速，所以相當適合與「自動駕駛」併行。同時，「電動化」也使得我們更容易收集到車輛的數據，因此更容易享受到「連網」的恩惠。

不僅如此，透過連接網路，電動車還可以成為IoT終端，不只能收集到「自動駕駛」所需的交通和地圖資訊，更能跟智慧型手機連線，輕鬆提供車輛共享或共乘等服務。

另外，「自動駕駛」分成5個等級（圖9-10）。而要實現其中駕駛人完全不用操控的「完全自動駕駛」，汽車除了必須搭載先進的自動駕駛輔助系統，也必須透過「連網」來收集各種交通資訊。

圖9-9　　　　　　　　　戴姆勒公布的經營願景「CASE」

Connected	Autonomous	Shared & Services	Electric
連網	自動駕駛	共享與服務	電動化

現在全球的汽車業者都使用這個詞
來代表汽車開發的方向

圖9-10　　　　　　　　　汽車的自動駕駛等級

等級	自動駕駛等級的說明	操作 ※主體	對應的車輛名稱（日本）
Level 1	油門、煞車或方向盤中任一者部分自動化的狀態	駕駛人	輔助駕駛車
Level 2	油門、煞車或方向盤中任兩者部分自動化的狀態	駕駛人	
Level 3	只限滿足特定行駛環境條件時，自動駕駛裝置代替駕駛人完成全部操作的狀態。但自動駕駛裝置在運作時若發生可能無法正常運作的情況時，會發出警報聲提示駕駛人接管，因此駕駛必須隨時待命	自動駕駛裝置（自動駕駛裝置運作有困難時由駕駛人接管）	有條件的自動駕駛車（有限範圍）
Level 4	只限滿足特定行駛環境條件時，自動駕駛裝置代替駕駛人完成全部操作的狀態	自動駕駛裝置	自動駕駛車（有限範圍）
Level 5	自動駕駛裝置代替駕駛人完成全部操作的狀態	自動駕駛裝置	完全自動駕駛車

※操縱車輛所需的認知、預測、判斷、操作行為

出處：基於日本國土交通省「自動駕駛車輛的稱呼」
　　　（URL：https://www.mlit.go.jp/report/press/content/001377364.pdf）製作

Point

⟋戴姆勒公司發表了「CASE」作為中長期的經營方向
⟋現在「CASE」一詞已成為整個汽車業界的常用名詞
⟋電動車恰好齊備了實現「CASE」的條件

與大眾運輸的共生以及「MaaS」

「MaaS」與交通變革

近年汽車業界除了前述的「CASE」外,也很常提到「MaaS」一詞。「MaaS」是Mobility as a Service的縮寫,直譯就是「移動即服務」。雖然這個詞還不存在全球通用的明確定義,但日本國土交通省將MaaS解釋為「依照移動需求,組合多種大眾交通工具或其他服務,一次完成搜尋、預約、支付的服務」(圖9-11)。

2016年,芬蘭的赫爾辛基推出了透過智慧型手機實現的「MaaS」,「MaaS」以此為契機推廣到全球,日本也展開了相關的社會實驗。**最初的概念,是為了提高大眾運輸的便利性**,以及管制市中心區域的私有車數量。

面臨轉型壓力的汽車產業

「MaaS」的推廣,對汽車業界乃是一大威脅。因為若大眾運輸變得更便利,導致私有車的使用者減少,汽車的銷量也會減少,很難避免影響到汽車產業的就業。

因此**許多汽車製造商選擇主動加入「MaaS」**,試圖跟大眾運輸系統建立共生關係。比如日本的豐田在2018年發表了名為「e-Palette Concept」的自動駕駛專用電動車(圖9-12)。這便是一輛以融合自駕車和「MaaS」為目標的概念車。

此外,豐田還在同年跟IT企業的軟銀公司合作,共同投資成立「MONET Technology」,志在推廣結合IoT的按需移動服務(on-demand mobility service)。該公司也宣布未來將從「造車公司」轉型為「移動公司」。

圖9-11 「MaaS」的概念

使用者

以單一服務的形式提供　搜尋　預約　支付

出發地

| 鐵路 | 公車 | 計程車 | 客船 | 客機 |

| AI按需交通載具 | 共享汽車 | 節能慢速移動載具 | 共享自行車 | 超小型移動載具 | 自動駕駛 |

目的地

觀光　　物流　　醫療、福利　　零售

與移動目的一體化

＼解決偏鄉地區的問題／

| 因應新的生活型態（避免群聚等） | 提高偏鄉和觀光地區的移動便利性 | 有效活用既有的公共交通工具 | 創造外出機會與活化偏鄉地方 | 實現超級城市、智慧城市 |

引入整合各種交通機關的搜尋、預約、支付等手續的服務，
藉此解決偏鄉地區面臨的問題

出處：基於日本國土交通省「日本版MaaS的推進」（URL：https://www.mlit.go.jp/
sogoseisaku/japanmaas/promotion/index.html）製作

圖9-12 豐田的自動駕駛專用電動車「e-Palette Concept」

（照片提供：豐田汽車）

Point

✎「MaaS」最初的概念，其實是提高大眾運輸的便利性和限制私有車數量

✎「MaaS」的普及對汽車業界構成威脅

✎近年汽車製造商開始主動加入「MaaS」

動手試試看

試著思考電動車在日本賣不動的原因

　　日本是全球首屈一指的汽車大國，但電動車轉型的速度卻比其他國家慢很多。根據日本汽車銷售協會聯合會公布的資料，2023年3月日本電動車（EV）的銷售量為5,149輛，只佔整體乘用車總銷量的1.6%。

　　為什麼電動車在日本賣不動呢？答案很難用一句話說清楚。因為這是各種因素糾結而成的結果。其主要原因，在於電動車的售價偏高，就算把補助金算進來也還是不便宜，以及充電設施的數量比加油站少，便利性不夠等等。但在此之外，似乎也有日本獨有的因素存在。

　　請你在讀完這本書後，試著想想看為什麼電動車在日本賣不動吧。同時，也思考看看電動車在日本普及，是否真的稱得上「環保」。

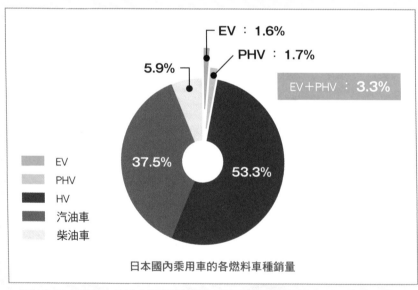

日本國內乘用車的各燃料車種銷量

出處：參考 一般社團法人 日本汽車銷售協會聯合會「各燃料車種銷售量（乘用車）」2023年3月的資料
（URL：http://www.jada.or.jp/data/month/m-fuel-hanbai/）製作

用 語 集

[※「➡」後的數字是相關的正文章節]

英文

BEV (➡2-2)
Battery Electric Vehicle的縮寫。指完全靠搭載之動力電池提供的電力驅動的電動化汽車。狹義的電動車，又叫「電池電動車」。

CASE (➡9-5、9-6)
由「Connected（連網）」、「Autonomous（自動駕駛）」、「Share & Services（共享與服務）」、「Electric（電動化）」的首字母組成的造詞。用於指涉近年汽車業界的目標。

CHAdeMO (➡1-11、7-4)
日本開發的快速充電標準。CHAdeMO是CHArge de Move（充電移動）的簡稱。

COMBO (➡7-4)
歐洲誕生的電動車充電標準。正式名稱是Combined Charging System。

eHighway (➡7-5)
德國西門子公司開發的卡車運輸系統。卡車可在專用道上用搭載的集電弓接觸道路上的高架電車線，從外部接收電力。

EV (➡1-1)
Electric Vehicle的縮寫。馬達驅動的電動車。有狹義和廣義之分。

FCV（FCEV） (➡2-2)
Fuel Cell Vehicle（Fuel Cell Electric Vehicle）的縮寫。即燃料電池車。搭載燃料電池作為發電裝置的電動車。

GB/T (➡7-4)
中國的電動車充電標準。GB是「國家標準」的中文拼音（Guojia Biaozhun）縮寫。

HEMS (➡7-7)
Home Energy Management System的縮寫。最佳化家庭能源消耗的系統。

HV（HEV） (➡2-2)
Hybrid Vehicle（Hybrid Electric Vehicle）的縮寫。即混合動力車。同時用引擎和馬達驅動的汽車。

LCA (➡8-3)
Life Cycle Assessment的縮寫。以定量方式評估汽車從製造到報廢的整個生命週期會製造多少環境汙染的指標。

LIB (➡4-6)
鋰離子電池。Lithium-Ion Battery的縮寫。

MaaS (➡9-5、9-7)
Mobility as a Service的縮寫。即依照移動的需求，結合多種大眾運輸工具或其他服務，在一個地方一次完成搜尋、預約、支付等行動的服務（依日本國土交通省定義）。

Ni-MH (➡4-5)
鎳氫電池。Nickel Metal Hydride的縮寫。

PHV（PHEV） (➡2-2)
Plug-in Hybrid Vehicle（Plug-in Hybrid Electric Vehicle）的縮寫。即插電式混合動力車。可以用外部電源充電的混合動力車。

PWM控制 (➡6-3)
透過改變脈衝寬度來改變輸出之電壓平均值的控制方式。PWM是Pulse Width Modulation（脈衝寬度調變）的縮寫。

SDGs (➡3-9)
Sustainable Development Goals的縮寫。聯合國大會通過之實現永續社會的國際目標。

SiC-MOSFET (➡6-5)
以SiC（碳化矽）為材料MOSFET（金屬氧化物半導體場效電晶體）。被認為有望取代Si-IGBT而正受關注。

Si-IGBT (➡6-5)
以Si（矽）為材料的IGBT（絕緣閘雙極電晶體）。電動車動力控制單元所使用的功率半導體。

V2G (➡7-7)
Vehicle to Grid的縮寫。連接電動車與大範圍電力系統，藉以提高可再生能源取得之電力使用效率的系統。

V2H (➡7-7)
Vehicle to Home的縮寫。連接電動車與家戶的電力系統，藉此最佳化家庭電力消耗的系統。

Well to Wheel (➡8-3)
以定量方式評估從石油等一級能源的開採到車輛行駛過程所產生之環境汙染的指標。

xEV (➡2-2)
以馬達驅動的汽車（電動化汽車）的總稱。EV、HV、PHV、FCV皆為之。

ZEV (➡2-11、3-5、8-1)
Zero Emission Vehicle（零排放車）的縮寫。指不會排放空氣汙染物質和溫室氣體的汽車。

ZEV法規 (➡3-5)
1990年美國頒布的法律。為了減少汽油車的數量，加州政府規定汽車製造販賣出的汽車中必須包含一定比例的ZEV（Zero Emission Vehicle，零排放車）。

2～5劃

二氧化碳 (➡3-9)
導致全球暖化的物質之一，近年逐漸被社會視為環境問題。

三相電 (➡5-3)
用3條電線傳輸的交流電。電壓的時間變化可用相位各差120度的3條正弦波表示。

化學電池 (➡4-1)
透過內部的化學反應取出電能的裝置。分為原電池和蓄電池。

太陽能車 (➡4-8)
搭載裝有太陽能電池的太陽能板的電動車。

太陽能電池 (➡4-8)
物理電池的一種，可將從太陽光取得的光能轉換成電能的發電裝置。

巴黎協定 (➡3-9)
各國於2015年於巴黎舉辦的COP21上達成共識，於2016年通過的協定。主要內容是為防止全球暖化，督促加盟國制定二氧化碳減排的目標與實施細則。

引擎煞車　　　　　　　　　　　（➡2-4）
汽油車或柴油車等靠引擎驅動的汽車所使用的煞車。透過車輪轉動引擎來獲得煞車力。

欠電　　　　　　　　　　　　　（➡1-7）
動力電池沒有剩餘電量，電動車無法行駛的狀態。

充放電　　　　　　　　　　　　（➡4-10）
指電池的充電和放電。

充電站　　　　　　　　　　　（➡1-8、7-2）
替電動車充電的基礎設施之一。

充電基礎設施　　　　　　　　　（➡7-1）
替電動車等搭載的動力電池充電的基礎設施。代表例有充電站。

充電率　　　　　　　　　　　　（➡4-10）
顯示充電狀態的指標。相對於電池容量的充電等級。

功率半導體　　　　　（➡6-2、6-4、6-5）
用來轉換電力的半導體元件。可用機械式開關不可能達到的高速切換開關。

加氫站　　　　　　　　　（➡2-11、7-8）
替燃料電池車等補充氫氣的基礎設施。分為放置在固定土地上的「定點式」，以及由拖車拖著移動的「移動式」。

加氫基礎設施　　　　　　　　　（➡7-1）
為燃料電池車等搭載的儲氫槽填充壓縮氫氣的基礎設施。代表例有加氫站。

可再生能源　　　　　（➡8-2、8-4、8-5）
常存於自然界的能源，如太陽能、風力、地熱等部分地球資源。最大的特徵是「不會枯竭」、「隨手可得」、「不排放二氧化碳（不增加）」。

四輪獨立馬達行駛系統　　　　　（➡9-2）
使用輪轂馬達個別控制4個輪子動力的系統。用於提高過彎行駛時的穩定性。

正弦波　　　　　　　　　　　　（➡6-4）
可用正弦函數表示的波動，可畫成具有週期性變化的平滑曲線。又叫「sin波」。

永磁同步馬達　　　　　　　　　（➡5-7）
同步馬達的一種，轉子裝有會發出強大磁力的永久磁鐵。效率比鼠籠式馬達更高，且易於小型輕量化，被許多電動車當成動力馬達。

甲醇重組型燃料電池　　　　　　（➡3-6）
讓甲醇燃料通過重組器產生氫氣，再用氫氣發電的燃料電池。

6～10劃

交流馬達　　　　　　　（➡5-3、5-5）
靠交流電運轉的馬達。因為不像直流馬達那樣擁有整流子和電刷，故更容易保養。

光電效應　　　　　　　　　　　（➡4-8）
物體被光照到時產生電動勢的現象。在太陽能電池上，此現象發生在p型半導體和n型半導體的界面（p-n接面）。

全固態電池　　　　　　　　　　（➡9-1）
將鋰離子電池的電解液換成離子傳導度高的固態電解質的蓄電池。安全性和能量密度比鋰離子電池更高，且易於大容量化，有望成為革命性的蓄電池。

共享汽車服務　　　　　　　　　（➡2-12）
註冊會員後即可共用汽車的服務。租用時間可以比一般租車服務更短。

再生協調煞車　　　　　　　　　（➡6-9）
協調再生煞車和油壓煞車的煞車系統。優先使用再生煞車，並輔以油壓煞車，結合兩者增加總煞車力。

再生煞車　　　　（➡1-6、2-4、6-8）
使用馬達的煞車。透過消耗馬達發出的電力來獲得煞車力。

合成磁場　　　　　　　　　　　（➡5-5）
指由多個磁場合成的磁場。

同步馬達　　　　　　　　　　　（➡5-7）
交流馬達的一種。轉子的轉動速度與旋轉磁場相同，這點跟感應馬達有很大差異。

向量控制　　　　　　　　　　　（➡6-7）
為提高交流馬達的扭力回應性而開發的控制方式。

安全閥　　　　　　　　　　　　（➡4-6）
防止電池破裂的閥。當電池內部發生異常化學反應，導致電池內壓升高時，可以打開安全閥排出氣體。

有機溶劑　　　　　　　　　　　（➡4-6）
在常溫下為液態的有機化合物，具有易於溶解其他物質的性質。由於非常易燃，容易導致火災。

自動駕駛　　　　　　　　　　　（➡9-6）
將駕駛操作自動化的技術。共分成5個等級。

行星齒輪機構　　　　　　　　　（➡2-8）
擁有3個旋轉系統的齒輪機構。在豐田的動力分配式混合動力車上被用來當成動力分割機構。

行駛間無線供電　　　　　　　　（➡7-6）
電動車一邊行駛一邊透過無線方式接收電力的技術。由埋藏在道路中的供電系統持續將電力傳給電動車內的受電線圈。

串聯式　　　　（➡2-5、2-6、3-2）
混合動力車的動力傳遞方式之一。引擎和馬達串聯排列，引擎只用來發電。

快速充電　　　　　　　　（➡1-8、7-2）
充電時間比慢速更短的充電方式。較容易對動力電池造成負擔。

扭力　　　　　　（➡1-4、5-2、6-6）
以固定的轉軸為中心作用的力矩。又叫扭矩。

車用電池　　　　　　　　　　　（➡4-2）
汽車搭載的電池。因為可放置的空間很小，且必須承受行駛時的震動與衝擊，故限制很多。

車輛低速警示音系統　　　　　　（➡1-4）
在低速行駛時會發出聲音，讓行人知道汽車靠近的裝置。

並聯式　　　　　　　　　（➡2-5、2-6）
混合動力車動力傳遞方式的一種。引擎和馬達並聯，同時用兩者的力量驅動。

固體高分子膜　　　　　　　　　（➡4-7）
燃料電池所使用的高分子製薄膜。具有浸濕後可讓氫離子通過的性質。

固體高分子型燃料電池　　　（➡3-6、4-7）
使用具有離子傳導性的高分子膜（離子交換膜）當電解質的燃料電池。目前則為量產型的燃料電池車。

定子　　　　　　　　　　　　　（➡5-1）
馬達不轉動的部分。英文是「stator」。

定置型電池　　　　　　　　　　（➡4-2）
靜置在建築物內的電池。無法移動。

油壓煞車　　　　（➡1-6、2-4、6-8）
利用油壓的煞車。原理是用油壓推動煞車碟，利用摩擦獲得煞車力。

直流馬達　　　　　　　　（➡5-3、5-4）
靠直流電運轉的馬達。比交流馬達更容易控制。

氟離子電池　　　　　　　　　　（➡9-1）
氟離子在正負極之間移動的蓄電池。有望成為取代鋰離子電池的革命性蓄電池。

原電池　　　　　　　　　　　　（➡4-1）
化學電池的一種。進行不可逆的電化學反應放電，故無法充電。代表例有拋棄式乾電池中最常見的碳鋅電池和鹼性電池。

差速器　　　　　　　　　　　　（➡5-8）
英文全稱為「differential gear（差速齒輪）」。負責吸收左右輪轉速差的齒輪。

弱磁控制　　　　　　　　　　　（➡6-7）
馬達的控制方式之一。在高速段降低扭力，提高轉速。

能源組成　　　　　　　　　　　（➡8-2）
發電方式的比例。各個國家和地區都不相同。

逆變器　　　　　　　　　　（➡6-2、6-7）
將直流電轉換成交流電的轉換器。用於控制交流馬達。

馬斯基法　　　　　　　　　　　（➡3-4）
美國為減少空氣汙染，在1970年通過的法律。此法律促使日本汽車製造商開始研發不會排放有害廢氣的汽車。

11～15劃

動力分配式　　　　　　　　（➡2-7、2-8）
混聯式的一種，使用動力分割裝置。豐田的混合動力車便是使用行星齒輪的動力分配式。

動力分割機構　　　　　　　（➡2-7、2-8）
分割3個轉軸（引擎、馬達、車輪），傳遞動力的機構。

動力系統　　　　　　（➡1-2、2-1、2-3）
驅動系裝置的總稱。負責將引擎和馬達產生的動力傳給車輪的裝置。

動力馬達　　　　　　　　　　　（➡5-2）
用於驅動車輪的馬達。在電動化汽車上常使用交流馬達的永磁同步馬達或感應馬達。

動力控制單元　　　　　　　　　（➡6-1）
控制馬達的相關裝置總稱。依照駕駛人踩踏油門的動作、行駛速度等控制馬達的轉速和扭力。

動力電池　　　　　　　　（➡1-1、4-3）
用來驅動電動化汽車的電池。一般使用能量密度高且容量高的蓄電池。

控制回路　　　　　　　　　　　（➡6-2）
與馬達控制有關的電路。在電動車上，是由逆變器負責將輸入的駕駛指令（駕駛人踩下油門或煞車時送出的訊號），或根據檢測到的電壓、電流、速度、位置輸出閘控信號。

斬波器控制　　　　　　　　　　（➡6-3）
使用功率半導體改變直流電壓平均值的控制方式。

旋轉磁場　　　　　　　　（➡5-5、5-6）
旋轉的磁場。在交流馬達上使用定子的勵磁線圈產生。

氫能社會　　　　　　　　（➡7-9、8-6）
以氫氣為主要能源的社會。

氫燃料引擎車　　　　　　　　　（➡9-4）
以氫為燃料，靠引擎驅動的汽車。由豐田開發，作為保護日本汽車產業就業市場的嘗試之一。

混合動力車　　　　　　　（➡2-2、3-7）
同時使用引擎和馬達的力量驅動的汽車。又叫HV或HEV。

混聯式　　　　　　　　　（➡2-5、2-7）
混合動力車的動力傳遞方式之一。由於可依狀況切換動力傳遞模式，故可活用串聯式和並聯式兩者的特長。

清潔電力　　　　　　　　（➡8-4、8-5）
可再生能源產出的電力。

移動革命　　　　　　　　　　　（➡9-5）
整個交通系統的巨大變化。因可能改變汽車在社會中扮演的角色而受到關注。

釹磁鐵　　　　　　　　　　　　（➡5-7）
可產生強力磁場的永久磁鐵。材料使用了釹等稀有金屬。永磁同步馬達的原料。

勞倫茲力　　　　　　　　　　　（➡5-1）
帶電粒子在磁場中受到的作用力。

單相電　　　　　　　　　　　　（➡5-3）
用2條電線傳輸的交流電。電壓的時間變化可用1條正弦波表示。

插電式混合動力車　（➡2-2、2-10、2-11、3-8）
可以用外部電源充電的混合動力。又叫PHV或PHEV。

智慧電網　　　　　　　　（➡7-7、8-5）
用IT即時掌握能源需求，有效率地從各個發電設備輸電的系統。

無軌電車　　　　　　　　　　　（➡7-5）
從架設在空中的電線（高架電車線）獲取電力來驅動馬達的電動巴士。在日本被歸類為鐵路的一種。

無線充電　　　　　　　　　　　（➡7-6）
從地面以無線方式為車輛供應電力，替動力電池充電的方式。

稀有金屬　　　　　　（➡2-11、5-7、8-7）
泛指自然界的存量少，又或是很難提煉出高純度產品的金屬。

超小型車　　　　　　　　　　　（➡2-12）
比普通汽車更緊湊、靈巧、環保，可乘坐1到2人的地區性輕型代步車輛（日本國土交通省的定義）。在日本又叫「小型EV」。

超級充電　　　　　　　　　　　（➡7-4）
特斯拉專有專營的電動車快充標準。

集電弓　　　　　　　　　　　　（➡7-5）
電車常用的集電裝置。負責接觸架設在空中的高架電車線接收電力。

感應電流　　　　　　　　　　　（➡5-6）
當線圈內的磁場發生變化時會流過線圈的電流。泛指因電磁感應而通過線圈的電流。

過度充電、過度放電　　　　　　（➡4-4）
在正常的充電或放電結束後繼續充電或放電的狀態。是導致電池劣化的原因之一。

過彎　　　　　　　　　　　　　（➡1-5）
汽車轉過道路轉角的動作，或是轉彎時的迴轉運動。

鉛蓄電池　　　　　　　　（➡3-1、4-4）
歷史最悠久的蓄電池。現今依然作為汽車的輔助電池使用。

隔離膜　　　　　　　　　　　　（➡4-4）
電池內部的重要零件之一。位於正負極之間，只允許特定的離子通過，防止正極和負極接觸發生短路。

電池管理系統　　　　　　　　　（➡4-10）
提高蓄電池使用安全性和效率的系統。功能是平衡蓄電池的電壓和提高蓄電池壽命。

電刷　　　　　　　　　　　　　（➡5-1）
跟馬達或發電的整流子接觸的零件。容易磨損，可能導致馬達故障。

電波式　（➡7-6）
無線充電的一種。將電流轉換成微波等電磁波，透過天線傳輸電力。

電動車轉型　（➡9-3、9-4）
從汽油車轉換到電動車的行動。目前在歐洲、中國、美國等市場正加速進行。

電磁場共振式　（➡7-6）
無線充電的一種。利用電磁場的共振現象將電力從輸電線圈傳給受電線圈。

電磁感應式　（➡7-6）
無線充電的一種。讓輸電（地面）線圈和受電（車載）線圈鄰接，利用電磁感應現象傳輸電力。

鼠籠式馬達　（➡5-6）
感應馬達的一種。對勵磁線圈施加三相電壓時，裝有鼠籠狀導體的轉子會用稍慢於旋轉磁場的速度轉動。因為比直流馬達更小更輕且容易保養，被近年新生產的電車大量使用。電動化汽車的使用案例比較少，但美國特斯拉公司研發的電動車中也有使用鼠籠式馬達的例子。

慢速充電　（➡1-8、7-2）
平時使用的一般充電方式。充電時間比快速充電長得多，但對電池的負擔較小。

碳中和　（➡3-9）
平衡二氧化碳的排放量和吸收量，來達成實質零排放的措舉。

碳載鉑　（➡4-7）
嵌有鉑粒子的碳粒子。被用作燃料電池的催化劑。

磁勵音　（➡6-5）
交流電通過馬達或變壓器時發出的聲音，即電動化汽車在加速和減速時會聽到的「嗡嗡」聲。近年經過改良後已經很難聽到了。

福特T型車　（➡3-3）
美國汽車製造商福特公司於1908年推出的大眾型汽油車。使汽油車快速普及的功臣。

蓄電池　（➡4-1）
化學電池的一種。依靠可逆的電化學反應放電，故可以充電。代表例有鉛蓄電池和鎳氫電池、鋰離子電池。

輔助電池　（➡4-3）
為汽車的啟動馬達、車頭燈、空調等電裝品供電的電池。現在依然使用可靠性高的鉛蓄電池。

線傳轉向　（➡9-2）
用電子訊號改變車輪方向的轉向技術。

輪轂馬達　（➡3-2、5-8、9-2）
內藏在車輪中的馬達。每個馬達都直接驅動車輪，因此可以個別控制各車輪的轉動。

鋅空氣電池　（➡9-1）
負極是鋅金屬，由氫氧離子在正極和負極之間移動的蓄電池。有望成為取代鋰離子電池的革命性蓄電池。

鋰離子電池　（➡3-8、4-6、9-1）
蓄電池的一種。能量密度比鎳氫電池更高、更容易大容量化，因此被大量用於電動車或插電式混合動力車的動力電池。因為英文是Lithium -Ion Battery，故也可簡寫成「LIB」。

16～20劃

整流子　（➡5-1、5-4）
位於馬達或發電機內的旋轉開關。負責切換通過轉子線圈的電流方向。

燃料電池　（➡2-11、3-8、4-1）
靠燃料與氧氣發生電化學反應來發電的發電裝置。燃料主要使用氫氣。

燃料電池車　（➡2-2、2-11）
搭載燃料電池的電動車。又叫FCV或FCEV。

環保車　（➡1-1、8-1）
對環境（ecology）友善的汽車。一般多指靠馬達驅動的電動化汽車。

簧下質量　（➡5-8）
懸吊彈簧以下至車輪的零件總重量。

轉子　（➡5-1）
馬達的轉動部分。英文是「rotor」。

轉換器　（➡6-2）
泛指所有種類的轉換器。將交流電轉換成直流電的叫「AC-DC轉換器」，電動化汽車使用再生煞車時會使用這種轉換器。

鎳氫電池　（➡2-5、4-5）
蓄電池的一種。因比鉛蓄電池更容易大容量化，被許多混合動力車採用。又可簡寫成「Ni-MH」。

雙電層　（➡4-9）
2個不同相物質（比如固態電極與電解液）接觸的界面附近，電荷或電解質離子形成薄層狀排列的現象。

雙電層電容器　（➡4-1、4-9）
物理電池的一種，可以快速輸入和輸出電力的蓄電裝置。利用俗稱雙電層的物理現象蓄電。

蠕行現象　（➡1-3）
自排（AT）車上可見的現象。解除手煞車，並鬆開煞車踏板，引擎會在怠速狀態下以低速緩慢前進。

21～23劃

續航里程　（➡1-7、2-3、2-9、2-10）
補充一次能量後可行駛的距離。

變壓變頻控制　（➡6-4）
由逆變器改變開關週期與工作週期來改變三相電的電壓與頻率，繼而改變馬達轉速和功率（扭力）的控制方式。英文是Variable Voltage Variable Frequency，故又簡稱VVVF控制。

索 引

參考文獻

- 赤津観監修
  《史上最強カラー図解 最新モータ技術がすべてわかる本》
  Natsume社，2012年

- 飯塚昭三著
  《燃料電池車・電気自動車の可能性》Grand Prix出版，2006年

- 池田宏之助編著
  《入門ビジュアルテクノロジー 燃料電池のすべて》日本實業出版社，2001年

- 齋藤勝裕著
  《図解入門 よくわかる 最新 全固体電池の基本と仕組み》
  秀和System，2021年

- 中西孝樹著
  《CASE革命 2030年の自動車産業》日本經濟新聞出版社，2018年

- 日刊工業新聞社編、次世代汽車振興中心協力
  《街を駆けるEV・PHV 基礎知識と普及に向けたタウン構想》
  日刊工業新聞社，2014年

- 廣田幸嗣著
  《今日からモノ知りシリーズ トコトンやさしい電気自動車の本（第3版）》
  日刊工業新聞社，2021年

- 廣田幸嗣、小笠原悟司編著，船渡寛人、三原輝儀、出口欣高、初田匡之著
  《電気自動車工学（第1版）：EV設計とシステムインテグレーションの基礎》
  森北出版，2010年

- 廣田幸嗣、小笠原悟司編著，船渡寛人、三原輝儀、出口欣高、初田匡之著
  《電気自動車工学（第2版）：EV設計とシステムインテグレーションの基礎》
  森北出版，2017年

- 廣田幸嗣、足立修一編著，出口欣高、小笠原悟司著
  《電気自動車の制御システム 電池・モータ・エコ技術》
  東京電機大學出版局，2009年

- 福田京平著
  《しくみ図解シリーズ 電池のすべてが一番わかる》技術評論社，2013年

- 森本雅之著《電気自動車（第2版）》森北出版，2017年

- 《二次電池の開発と材料（普及版）》CMC出版，2002年

著 者 介 紹

川邊謙一

交通技術作家。1970年生。東北大學工學部畢業。東北大學研究所工學研究科修畢。曾於
製造業從事半導體材料等的研究開發工作，後獨立創業。從事鐵路、道路、都市相關的專
門技術的科普翻譯與介紹。

主要著作有《圖解 地下鐵的科學》、《圖解 首都高速公路的科學》、《圖解 燃料電池車的
科學》（暫譯，以上為講談社bluebacks）、《東京綜合指揮室》、《看圖認識電車入門》
（暫譯，以上為交通新聞社）、《世界與日本的鐵路史》（暫譯，技術評論社）。

日文版SATFF

裝幀・內文設計／相京 厚史（next door design）

封面插畫／加納 德博

DTP／佐々木 大介

　　　吉野 敦史（株式会社アイズファクトリー）

超圖解電動車的構造與原理
驅動方式×發展趨勢，通盤了解產業鏈的現況及展望

2024年11月1日初版第一刷發行

著　　者	川邊謙一	
譯　　者	陳識中	
副 主 編	劉皓如	
發 行 人	若森稔雄	
發 行 所	台灣東販股份有限公司	
	＜地址＞台北市南京東路4段130號2F-1	
	＜電話＞(02)2577-8878	
	＜傳真＞(02)2577-8896	
	＜網址＞https://www.tohan.com.tw	
郵撥帳號	1405049-4	
法律顧問	蕭雄淋律師	
總 經 銷	聯合發行股份有限公司	
	＜電話＞(02)2917-8022	

著作權所有，禁止翻印轉載。
購買本書者，如遇缺頁或裝訂錯誤，
請寄回更換（海外地區除外）。
Printed in Taiwan.

TOHAN

國家圖書館出版品預行編目資料

超圖解電動車的構造與原理：驅動方式×發
展趨勢，通盤了解產業鏈的現況及展望 /
川邊謙一著；陳識中譯. -- 初版. -- 臺北
市 : 臺灣東販股份有限公司, 2024.11
208面 ; 14.8×21公分
ISBN 978-626-379-632-4(平裝)

1.CST: 電動車　2.CST: 產業發展

447.21　　　　　　　　　　　113014721

圖解まるわかり 電気自動車のしくみ
（Zukai Maruwakari Denkijidosha no Shikumi: 7603-1）
© 2023 Kenichi Kawabe
Original Japanese edition published by SHOEISHA Co.,Ltd.
Traditional Chinese Character translation rights arranged
SHOEISHA Co.,Ltd.
through TOHAN CORPORATION
Traditional Chinese Character translation copyright © 202
TAIWAN TOHAN CO., LTD.